情報系のための
離散数学

猪股俊光・南野謙一［著］

共立出版

まえがき

現代社会を支えている技術の一つが情報通信技術 (ICT) である．人工知能 (AI)，ビッグデータ，機械学習，自動運転などが実用化されているのは，情報通信技術の発達による．このような情報通信技術の基盤となっている分野の1つが**情報科学**である．情報科学をもとにした数学的手法により，情報通信技術に関連する理論・手法が考案・実用化されてきた．今後，超スマート社会などとよばれている近未来社会は，次のような情報通信技術の活用によって実現されることになる．

- IoT 関連技術によって，現実社会を観測・監視した膨大なデータを集める．
- 集めたデータを数学的手法によって特性を分析（分類・データ抽出・パターン認識・最適化など）する．あるいは，集めたデータから現実世界のモデルを作成し，解析する．
- データ分析，あるいは，モデルの解析から，現実社会の課題の解決策をロボットやドローン関連技術などによって適用する．

この一連の手順の中で重要な役割を果たすのが数学的手法であり，その基礎となるのが，**離散数学** (discrete mathematics) である．膨大なデータが集められたサイバー空間は，コンピュータによって処理される離散的な有限個のデータからなる．

このような背景から，本書では，離散数学の基礎にあたる次の内容を取り上げた．

- 論理的記述や推論のもとになる**命題論理**（第1章）
- ある性質をもつデータの集まりの表し方とその操作についての**集合**（第2章）
- ある性質をもつデータの集まりを構成する方法と，数学的特性を証明するた

めの**帰納的定義と証明技法**（第3章），
- 問題の解の種類を考察するための**数え上げ**（第4章），
- 複数種のデータの間で成り立つつながりを考察する**関係**（第5章）
- データとデータの対応付けによって計算を行うための **関数**（第6章）
- 現実世界の離散的な現象を抽象的・数理的に記述するための**グラフ**（第7章）
- データの集まりの格納や，必要な情報の探索のための**木**（第8章）
- 現実世界の諸問題を離散的なモデルとし，問題解決を図るための**ネットワーク**（第9章）

本書は，岩手県立大学ソフトウェア情報学部における専門科目「離散数学」で使用してきた『ソフトウェア情報学のための離散数学』（三恵社，2007年）を原著とし，これまでの講義に基づいて大幅に改訂したものである．改訂にあたっては，次の点に考慮した．

- 例題と問を通じて用語・記法・解法の理解を深める．
  各項では，数学的な用語・記法・解法を述べたのち，それらを用いた【例題】と問をペアにして示した．【例題】をとおして，用語・記法・解法を理解しつつ，それをもとに問を解くことで理解を深めて欲しい．さらに，発展的な内容を含む [章末問題] を用意したのでチャレンジしてほしい．問と [章末問題] の解答例も用意したので自習の助けとされたい．
- 情報科学への関心を高める．
  本書で取りあげた内容は，情報科学の各分野，たとえば，情報理論，計算理論，アルゴリズム論，プログラム理論，情報検索，データサイエンス，システム理論，オートマトン理論，言語理論などの基礎となる．本書の用語・記法・解法が実際の情報科学の分野でどのように利用されているのかを例示した．本書の内容を参考にしながら，情報科学の諸問題の解決に役立てて欲しい．
- コンピュータを通じた解法の適用
  離散数学の各種手法を用いて，ビッグデータを解析したり，対象システムの数学的なモデルを解析したりする際には，計算量が多くなるため，コンピュータを用いた問題解決が望まれる．本書で取りあげた関係やグラフなど，行列によって表現されるものは，コンピュータによる実行が容易であり，そのためのプログラミング言語 Python などの利用例を付録等に記した．

なお，この離散数学の用語や記号は，書物によって異なるところがある．本書では主に『岩波数学事典 第 4 版』（岩波書店，2007）をもとにした．

末筆ながら本書の作成にあたってご協力をいただいた方々に感謝いたします．岩手県立大学ソフトウェア情報学部の専門科目「離散数学」を担当されてきた先生方をはじめ，受講してくれた卒業生や在校生に感謝いたします．とくに，本学部 4 年生大坊謙太朗氏，青木郁也氏，ならびに本学大学院ソフトウェア情報学研究科博士前期課程 2 年河合勇太朗氏には，本書の内容を学生の目線で確認していただきました．さらに，出版にあたっては共立出版株式会社編集部の三浦拓馬氏にご尽力いただきました．みなさま方にこの場をかりてお礼申し上げます．

2020 年 9 月　紅葉の岩鷲山を仰ぎ見るキャンパスにて

著　者

さらなる学習のために

紙数の都合から，次の内容については割愛した．本書のサポートページを参照されたい．

- 問と章末問題の解答例（詳細版）
  本書では略とされた問も含めた解答例（図も含む）
- MATLAB による問題の解法
  行列計算を中心とした科学技術計算アプリケーション

【本書のサポートページ】

https://www.kyoritsu-pub.co.jp/bookdetail/9784320114364

目　次

第 1 章 命題論理

1.1 命　題

1.1.1 命題と真理値

正しいか正しくないかが明確に定まる式や文を **命題** (proposition) という．命題が正しいとき，その命題は**真である**（あるいは単に**真**:true）とか**成り立つ**という．これに対し，正しくないとき，**偽である**（あるいは単に**偽**:false）とか**成り立たない**という．

【例 1.1】 命題

$9 > 1$，　　10 は偶数である，　　15 は 4 の倍数である．

このうち，「$9 > 1$」と「10 は偶数である」はともに真であり，「15 は 4 の倍数である」は偽である．

これらに対して，たとえば，「10 は大きい」や「三角形よりも四角形が広い」は，真か偽か（正しいか正しくないか）が定まらないため，命題ではない．

命題であれば，真または偽のいずれかの値が必ず定まる．命題がとりうるこれらの値を**真理値** (truth value) という．

問 1.1　命題とはならないような式や文の例をあげよ．

1.1.2 述語

式や文の中に，たとえば，「$x + 1 = 2$」や「x は偶数である」のように変数（未知数）x が含まれている場合，x の値が明らかでなければ真理値が定まらないときには，命題にはならない．このように x に要素を代入したときに真理値が定まるものを，x についての**述語** (predicate) あるいは**条件** (condition) といい，$c(x)$, $p(x)$ などと表す．

一方，変数 x を含んだ文であっても，たとえば，「$2x = 4$ を満たす x は 2 である」や「$x^2 = 2$ を満たす自然数は存在しない」であれば，真偽が定まる（いずれも真）ため命題である．なお，「x が偶数ならば，x は 2 で割り切れる」は，x を省略して「偶数ならば 2 で割り切れる」のように簡潔に記すこともできる [1]．

問 1.2　次の a)∼d) を，真である命題と偽である命題にそれぞれ分類せよ．

a) $3 \times 2 > 3^2$.　　b) $x^2 - 2x + 1 = 0$ の解は 1 である．
c) 42 は 3 で割り切れる．　　d) 3 は 10 の約数である．

1.1.3 合成命題

数学的議論の中では，しばしば，1 つあるいは複数個の命題と「でない」,「かつ」,「または」などの言葉を用いて新しい命題（**合成命題**：compound proposition）が作られる．このような合成命題に関する議論はブール [2] の成果によるところが大きい．

【例 1.2】 合成命題
例 1.1 の命題から次のような合成命題を作ることができる．
「$9 > 1$」でない，　　「$9 > 1$」かつ「9 は素数である」．

問 1.3　問 1.2 の a)∼d) を組合せて，合成命題の例を作れ．

1.2 論理式

1.2.1 構成規則

命題や合成命題を文字や記号を使って表すことにより，数学的議論を簡潔に

[1] これは，「すべての偶数は，すべてが 2 で割り切れる」の意であるためであり，詳しくは 2.5 節を参照．
[2] George Boole (1815–1864)　イギリスの数学者．

表したり，機械的な推論を行いやすくなる．とくに，「でない」，「かつ」，「または」，「ならば」などは，それぞれ，「$\neg$」，「$\wedge$」，「$\vee$」，「$\Rightarrow$」などといった**論理結合子** (logical connective) で表される．これらの文字や記号が次の構成規則にしたがって組合わされてできた記号列を**論理式** (formula) という．

定義 1.1　論理式の構成規則

(1)　命題を表す文字は，論理式である．

(2)　p と q が論理式ならば，$(\neg p), (p \wedge q), (p \vee q), (p \Rightarrow q), (p \Leftrightarrow q)$ は論理式である．

なお，この構成規則は命題をもとに構成される論理式であり，述語についても同様にして論理式を構成する規則が定められる [3]．

【例 1.3】 論理式

r, s を命題とするとき，定義 1.1 の構成規則より，次の論理式が得られる．

$$r,\ (\neg r),\ (r \wedge s),\ ((\neg r) \wedge s),\ ((r \wedge s) \vee (\neg r)),\ (s \Rightarrow (\neg r)).$$

1 番目の r は構成規則 (1) によるものであり，2 番目以降は構成規則 (2) によるものである．たとえば $(\neg r)$ は，r が論理式であるため，論理結合子 $\neg$ とともに括弧で囲むことで構成される．同様に $((\neg r) \wedge s)$ は，$(\neg r)$ と s がともに論理式であるため，論理結合子 $\wedge$ とともに括弧で囲むことで構成される．

以下，断りのない限り，p, q, r, s は論理式を表すものとする．

問 1.4　次の中から論理式にあてはまるものに○をつけよ．

$$\vee p, \qquad (p \wedge (q \vee r)), \qquad \neg(\neg p), \qquad p \neg q, \qquad (p \wedge p)$$

合成命題の意味（真理値）

各種論理結合子により構成された合成命題の意味（真理値）を以下に示す．

---

3) 本書では主に論理式について述べる．述語については詳細は [2,9] を参照のこと．

$(\neg \boldsymbol{p})$	「p でない (not p)」とよみ，p が真ならば $(\neg p)$ は偽，偽ならば真である．$\neg p$ を，p の**否定** (negation) ともいう．
$(\boldsymbol{p} \wedge \boldsymbol{q})$	「p かつ q (p and q)」とよみ，p と q がともに真であるときにのみ，$(p \wedge q)$ は真である．$(p \wedge q)$ を，p と q の**論理積**または**連言** (conjunction) ともいう．
$(\boldsymbol{p} \vee \boldsymbol{q})$	「p または q (p or q)」とよみ，p と q の少なくとも一方が (両方でもよい) 真であるときにのみ，$(p \vee q)$ は真である．$(p \vee q)$ を，p と q の**論理和**または**選言** (disjunction) ともいう．
$(\boldsymbol{p} \Rightarrow \boldsymbol{q})$	「p ならば q (p implies q, if p then q)」とよみ，p が真であるときには q も真であるとき，または，p が偽であるときには q の真理値に関わらず $(p \Rightarrow q)$ は真である．そのため，この論理式が偽となるのは，p が真であるのに q が偽のときに限られる．$(p \Rightarrow q)$ を**含意** (implication) ともいう．
$(\boldsymbol{p} \Leftrightarrow \boldsymbol{q})$	「p のときそしてそのときに限り q である (p if and only if q, p iff q)」，あるいは「p ならば q，かつ q ならば p」とよむ．$((p \Rightarrow q) \wedge (q \Rightarrow p))$ のとき，すなわち，p と q がともに真またはともに偽のときに真，そうでないときに偽となる．$(p \Leftrightarrow q)$ を，p と q は**同値** (equivalent) ともいう．

1.2.2 論理式の略記

定義 1.1 の構成規則 (2) より，論理式が論理結合子を一つ含むたびに一組の括弧で囲まれることがわかる．たとえば，$\neg$, $\wedge$ を含む場合，$(\neg(p \wedge q))$, $((\neg p) \wedge q)$ などである．この場合，$(\neg p)$ を単に $\neg p$ と記述しても真理値には変わりがない．そこで，取り除いてもかまわない括弧は省略することにする．これにより，たとえば，$(\neg(p \wedge q))$ は単に $\neg(p \wedge q)$ とし，$((\neg p) \wedge q)$ は $(\neg p) \wedge q$ とする．

さらに，論理結合子の結合の優先順位を，$\neg, \wedge, \vee, \Rightarrow, \Leftrightarrow$ の順に定める．これにより，$\neg p \wedge q$ は $((\neg p) \wedge q)$ となり，$(\neg(p \wedge q))$ ではない[4]．また，同順位の

---

4) $\neg$ の優先順位が高いので，$\neg$ は p と結び付く．

場合は左結合とする．すなわち，括弧が省略された $p \vee q \vee r$ は，$((p \vee q) \vee r)$ であるとする．

括弧は，可能な限り省略すればよいわけではなく，可読性を高めるために必要に応じて括弧を残すことが望ましい．たとえば，$\neg p \wedge q \vee r \wedge p$ は，$(\neg p \wedge q) \vee (r \wedge p)$ と表すことで誤読されにくくなる．

【例 1.4】 論理式の略記

例 1.3 の括弧を，真理値が変わらないように略すと次のようになる．

$$\neg p, \qquad p \wedge q, \qquad q \vee p, \qquad \neg p \wedge q, \qquad p \wedge q \vee \neg p, \qquad p \Rightarrow \neg q$$

問 1.5　次の論理式は括弧が省略されている．省略されている括弧をすべて補なった論理式をそれぞれ答えよ．

a) $p \wedge q \vee r$,　b) $\neg r \vee s$,　c) $p \wedge q \vee r \Rightarrow s \Leftrightarrow \neg v$,
d) $p \wedge q \Leftrightarrow \neg r \vee s \Rightarrow v$

問 1.6　$\neg(p \vee q)$ を $\neg p \vee q$ としてはいけない理由を述べよ．

1.3　論理式の真偽

1.3.1　論理式の真理値表

ある合成命題の真理値は，その合成命題に含まれている命題の真理値に応じて定まる．具体的に真理値を求めるには，1.2.1 項の合成命題の意味で定められている $\neg p, p \wedge q, p \vee q, p \Rightarrow q, p \Leftrightarrow q$ の真理値がもとになる．この内容を表形式に整理したのが表 1.1 である．この表は p と q の真理値のすべての組合せに応じて各論理式の真理値を表したものであり，**真理値表** (truth table) あるいは**真理表**とよばれる．以下では，真と偽を，それぞれ T と F で表し[5]，これらも命題として扱う．

[5] 真を「t や 1」，偽を「f や 0」によって表す書もある．

表 1.1　論理式の真理値表

			①	②	③	④	⑤	⑥
	p	q	$\neg p$	$\neg q$	$p \wedge q$	$p \vee q$	$p \Rightarrow q$	$p \Leftrightarrow q$
1	T	T	F	F	T	T	T	T
2	T	F	F	T	F	T	F	F
3	F	T	T	F	F	T	T	F
4	F	F	T	T	F	F	T	T

たとえば，1行目は「p と q のともに T」の場合であり，そのときの③列目の T は「p と q がともに T のとき，$p \wedge q$ は T」を表す．同様に，3行目の⑤列目は，「p が F，q が T のとき，$p \Rightarrow q$ は T」を表す．また，⑥列目に並んでいる「T, F, F, T」から，「p と q が同じ真理値のときに限り $p \Leftrightarrow q$ が T」であることがわかる．

【例 1.5】 真理値表

$p \wedge \neg q$ の真理値は，下図のように，p の列と $\neg q$ の列の論理積を表 1.1 をもとに作る（両者がともに T に限り T）ことで得られる．

同様に，$\neg(p \vee q)$ の真理値は，$p \vee q$ の否定（T を F，F を T）して得られる．

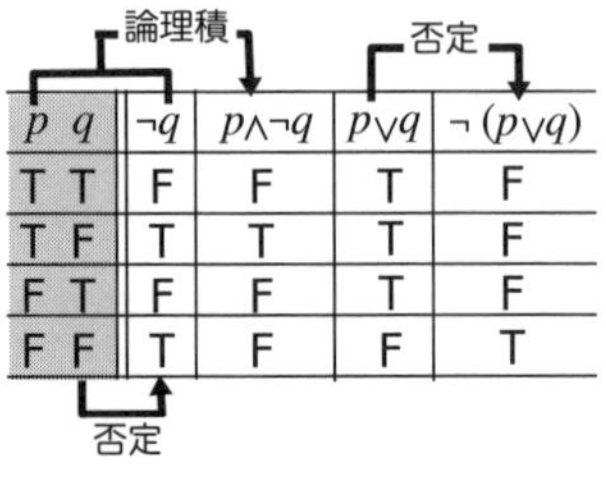

論理積　否定

p	q	$\neg q$	$p \wedge \neg q$	$p \vee q$	$\neg(p \vee q)$
T	T	F	F	T	F
T	F	T	T	T	F
F	T	F	F	T	F
F	F	T	F	F	T

否定

表 1.1 は，2種類の命題を含んだ場合であって4行からなるが，一般的に n 種類の命題が含まれている場合の真理値表は 2^n 行からなる（章末問題 1.1 参照）．

問 1.7　次の論理式 a)~e) の真理値表をそれぞれ作成せよ.

a) $(\neg p) \wedge q$,　b) $p \vee (\neg q)$,　c) $\neg(p \wedge q)$,
d) $\neg(p \vee q) \vee r$,　e) $(p \Rightarrow q) \Rightarrow r$

1.3.2 逆

論理式 $p \Rightarrow q$（p ならば q）において, p を**仮定** (hypothesis) または**前提** (antecedent, premise), q を**結論** (conclusion, consequent) という.

また, 仮定と結論を入れかえた $q \Rightarrow p$ を, $p \Rightarrow q$ の**逆** (converse) という [6]. 一般的に, $p \Rightarrow q$ が真でも, 逆 $q \Rightarrow p$ は必ずしも真とは限らず, **逆は必ずしも真ならず**といわれている.

【例 1.6】 逆

「10 の倍数ならば, 偶数である」は真だが, この逆の「偶数ならば, 10 の倍数である」は必ずしも真にはならない. たとえば, 偶数 4 は 10 の倍数ではない. このように命題が偽になる根拠を**反例** (counter-example) という.

また,「6 の倍数ならば, 偶数である.」の逆も真ではない.

問 1.8　次の論理式 a)~d) の逆の真偽についてそれぞれ答えよ. 偽の場合には反例を一つあげよ. ここで, a, b は実数とする.

a) 12 の倍数ならば, 4 で割り切れる,　b) $a = b$ ならば, $a^2 = b^2$,
c) $a > 0, b > 0$ ならば, $a + b > 0$,　d) $a^2 > b^2$ ならば, $a > b$

1.3.3 必要条件と十分条件

論理式 $p \Rightarrow q$ が成り立つとき,

$\boldsymbol{q}$ を, p（が成り立つため）の **必要条件** (necessary condition),

---

[6] $\neg Q \Rightarrow \neg P$ を $P \Rightarrow Q$ の対偶という. 詳しくは 3.4 節で述べる.

$$\boldsymbol{p} \text{ を，} q \text{（が成り立つため）の } \textbf{十分条件} \text{ (sufficient condition)}$$

という．q を必要条件，p を十分条件とよぶのは，「p が成り立つには，q が成り立つ必要がある」ことと，「q が成り立つためには，p が成り立っていれば十分である」ことからである．また，$(p \Rightarrow q) \wedge (q \Rightarrow p)$，すなわち，$p \Leftrightarrow q$ は，

$$\boldsymbol{p} \text{ と } \boldsymbol{q} \text{ とが互いに他の } \textbf{必要十分条件} \text{ (necessary and sufficient condition)}$$

であるといい，「p が成り立つとき，そしてそのときのみ (iff: if and only if)，q が成り立つ」ともいう．

問 1.9　次の各合成命題について，真偽を述べるとともに，真である論理式の必要条件ならびに十分条件を答えよ．また，各論理式の逆が常に真であるのか，それとも偽のときもあるか答えよ．

a) p と q がともに真ならば，p かつ q は真である．
b) ある自然数が 10 の約数ならば，その自然数は 10 以下である．
c) x が 10 以下の素数ならば，x は奇数である．

1.3.4　恒真と恒偽

論理式に含まれる各命題にどの真理値を代入しても論理式が常に真となるとき，その論理式を**恒真**あるいは**トートロジー** (tautology) という．これに対して，常に偽になるとき，その論理式を**恒偽** (contradiction) という．

【例 1.7】 恒真と恒偽

$p \vee \neg p$ は恒真，$p \wedge \neg p$ は恒偽であることが次の真理値表より確かめられる．

p	$\neg p$	$p \vee \neg p$	$p \wedge \neg p$
T	F	T	F
F	T	T	F

ある論理式が真となるための各命題への真理値の割り当て方（組合せ）が少な

くとも1通りあるとき，すなわち，恒偽ではない論理式を**充足可能** (satisfiable) という．与えられた論理式が充足可能であるかどうかを判定する問題を「論理式の**充足可能性問題 (SAT)**」という．

問 1.10　次の論理式に対する真理値表を作成し，「恒真，恒偽，恒真・恒偽のどちらでもない」のいずれかであるかをそれぞれ答えよ．

a) $p \vee \neg(p \wedge q)$,　　b) $(p \wedge q) \wedge \neg(p \vee q)$,　　c) $(p \Rightarrow q) \Rightarrow (q \Rightarrow r)$

1.3.5　論理式の同値

2つの論理式 p と q の真理値表が同じであるとき，$p \Leftrightarrow q$ が成り立つ．$\Leftrightarrow$ が成り立つ論理式には次のようなものがある．

	$p \wedge \mathsf{T} \Leftrightarrow p, \quad p \vee \mathsf{F} \Leftrightarrow p$
	$p \wedge \mathsf{F} \Leftrightarrow \mathsf{F}, \quad p \vee \mathsf{T} \Leftrightarrow \mathsf{T}$
ベキ等法則	$p \wedge p \Leftrightarrow p, \quad p \vee p \Leftrightarrow p$
交換法則	$p \wedge q \Leftrightarrow q \wedge p, \quad p \vee q \Leftrightarrow q \vee p$
結合法則	$(p \wedge q) \wedge r \Leftrightarrow p \wedge (q \wedge r)$
	$(p \vee q) \vee r \Leftrightarrow p \vee (q \vee r)$
分配法則	$p \wedge (q \vee r) \Leftrightarrow (p \wedge q) \vee (p \wedge r)$
	$p \vee (q \wedge r) \Leftrightarrow (p \vee q) \wedge (p \vee r)$
ド・モルガンの法則	$\neg(p \wedge q) \Leftrightarrow \neg p \vee \neg q$
(De Morgan's law)	$\neg(p \vee q) \Leftrightarrow \neg p \wedge \neg q$
二重否定	$\neg(\neg p) \Leftrightarrow p$
排中法則 (排中律)	$p \wedge \neg p \Leftrightarrow \mathsf{F}, \quad p \vee \neg p \Leftrightarrow \mathsf{T}$
$\Rightarrow$ 除去	$p \Rightarrow q \Leftrightarrow \neg p \vee q$
$\Leftrightarrow$ 除去	$(p \Leftrightarrow q) \Leftrightarrow (p \Rightarrow q) \wedge (q \Rightarrow p)$

問 1.11 真理値表を作成して各論理式が成り立つことを示せ.

a) $p \Rightarrow q \Leftrightarrow \neg p \vee q$, b) $\neg(p \wedge q) \Leftrightarrow \neg p \vee \neg q$,
c) $\neg(p \vee q) \Leftrightarrow \neg p \wedge \neg q$

【例 1.8】 論理式の否定

数学的議論では,「$a = 0$ かつ $b = 0$ 」などの否定を考えることがある(a, b は実数).この場合,ド・モルガン[7]の法則より,「『$a = 0$ でない』または『$b = 0$ でない』」と同値である.つまり,「$a = 0$ かつ $b = 0$」の否定は「$a \neq 0$ または $b \neq 0$ 」である.

ここで示したド・モルガンの法則は,論理式に関する法則であり,集合に関する法則もある(☞2.1.4 項).

問 1.12 次の各命題の否定をそれぞれ作れ.ここで,a, b, c は実数とする.

a) $a > b$ かつ $b > c$, b) $a = 0$ または $b = 0$,
c) $a = 0$ かつ $b = 0$ ならば $ab = 0$

【例 1.9】 論理式の証明

$p \vee (p \wedge q) \Leftrightarrow p$ であることを,論理式の同値を用いて証明した例を示す.

$$\begin{aligned} p \vee (p \wedge q) &\Leftrightarrow (p \wedge \mathsf{T}) \vee (p \wedge q) \\ &\Leftrightarrow p \wedge (\mathsf{T} \vee q) \\ &\Leftrightarrow p \wedge \mathsf{T} \\ &\Leftrightarrow p \end{aligned}$$

問 1.13 $p \wedge (p \Rightarrow q) \Leftrightarrow p \wedge q$ を論理式の同値の法則を使って証明せよ.

---

[7] Augustus De Morgan (1806–1871) イギリスの数学者.

1.4 論理式の標準形

1.4.1 CNF と DNF

任意の論理式は，標準形とよばれる形式の論理式に（等価）変換することができる．ここでは，標準形として CNF および DNF を取りあげる．

合成命題ではない命題 p に対して，p または $\neg p$ を**リテラル** (literal) といい，p と $\neg p$ を，それぞれ**正リテラル**と**負リテラル**として区別する．

リテラル l_i の論理和 $l_1 \vee l_2 \vee \cdots \vee l_{in}$ を**節** (clause) といい，節 C_i の論理積 $C_1 \wedge C_2 \wedge \cdots \wedge C_i \wedge \cdots \wedge C_n$ を**連言標準形**（または乗法標準形）**CNF**(Conjunctive Normal Form) という．

また，リテラル l_j の論理積 $l_1 \wedge l_2 \wedge \cdots \wedge l_{jm}$ を D_j としたとき，D_j の論理和 $D_1 \vee D_2 \vee \cdots \vee D_j \vee \cdots D_m$ を**選言標準形**（または加法標準形）**DNF**(Disjunctive Normal Form) という．

【例 1.10】 CNF と DNF

命題 p, q, r について，$(p \vee q) \wedge (p \vee r) \wedge (\neg p \vee \neg q \vee r) \wedge \neg p \wedge r$ は CNF であり，$(p \wedge q \wedge \neg r) \vee (p \wedge \neg q \wedge r) \vee \neg p$ は DNF である．

なお，$p \vee \neg q \wedge p$ は，論理結合子の優先順により，$p \vee (\neg q \wedge p)$ であることから DNF である．

任意の命題論理式は，次の手順にしたがうことで，CNF あるいは DNF に変形することができる．

論理式の CNF(DNF) への変換手順

Step.1 論理式の中の $\Rightarrow, \Leftrightarrow$ を論理式の同値の法則（☞1.3.5 項）を使って取り除く．

例 $p \Rightarrow q$ を $\neg p \vee q$，　$p \Leftrightarrow q$ を $(p \Rightarrow q) \wedge (q \Rightarrow p)$ とする．

Step.2 論理式の中の $\neg$ は負リテラルとしてのみ現れるように二重否定やド・モルガンの法則（1.3.5 項）を用いて変形する．

例　$\neg(p \wedge q)$ を $\neg p \vee \neg q$,　$\neg(p \vee q)$ を $\neg p \wedge \neg q$ とする.

Step.3　分配法則（1.3.5 項）を用いて，CNF あるいは DNF に変形する.

例　$p \wedge (q \vee r)$ を $(p \wedge q) \vee (p \wedge r)$,　$p \vee (q \wedge r)$ を $(p \vee q) \wedge (p \vee r)$ とする.

【例 1.11】 CNF への変換

$(p \Rightarrow \neg q) \Rightarrow \neg(p \Rightarrow q)$ は次のようにして CNF に変換される．なお，記述の都合上，左辺から右辺への変換される論理式を $=$ で表す.

$$
\begin{aligned}
\underline{(p \Rightarrow \neg q)} \Rightarrow \neg \underline{(p \Rightarrow q)} &= (\neg p \vee \neg q) \Rightarrow \underline{\neg(\neg p \vee q)} \cdots\cdots \text{Step.1} \\
&= \underline{(\neg p \vee \neg q) \Rightarrow (p \wedge \neg q)} \cdots\cdots\cdots \text{Step.1} \\
&= \underline{\neg(\neg p \vee \neg q)} \vee (p \wedge \neg q) \cdots\cdots\cdots \text{Step.2} \\
&= \underline{(p \wedge q) \vee (p \wedge \neg q)} \cdots\cdots\cdots\cdots\cdots \text{Step.2} \\
&= \underline{((p \wedge q) \vee p)} \wedge \underline{((p \wedge q) \vee \neg q)} \cdots \text{Step.3} \\
&= \underline{(p \vee p)} \wedge (q \vee p) \wedge (p \vee \neg q) \wedge \underline{(q \vee \neg q)} \cdots \text{Step.3} \\
&= p \wedge (q \vee p) \wedge (p \vee \neg q) \underline{\wedge \mathsf{T}} \cdots\cdots\cdots \text{Step.3} \\
&= p \wedge (q \vee p) \wedge (p \vee \neg q)
\end{aligned}
$$

問 1.14　$(p \Rightarrow \neg q) \Rightarrow (r \wedge s)$ を CNF に変換せよ.

1.4.2 SAT

CNF の形式の論理式，すなわち，$C_1 \wedge C_2 \wedge \cdots \wedge C_n$ が与えられたとき，その論理式を充足する命題の真理値の割り当てが存在するかどうか，という問が SAT（充足可能性問題）である．ここで，C_i $(i=1,2,\ldots,n)$ は上述の節にあたる.

SAT を解く単純な方法は，論理式に含まれる命題 $p_1, p_2, \ldots, p_m$ の真理値（T, F）のすべての組合せを試してみることである（**列挙法**とよぶ）．しかしながら，この方法では，2^m 通りの組合せを試さなければならない.

そこで，列挙法によらない方法が望まれ，その１つが次の **Davis–Putnam 法**である．

SAT の解法：Davis–Putnam 法

CNF を p とする．p が充足可能であれば「YES」を，そうでなければ「NO」を出力する．

Step.1　C' を論理式の集合とし，初期値を $C = \{p\}$ とする．

Step.2　C が空集合ならば NO を出力して終了．そうでなければ，C から１つの論理式 q を選び，取り除く．

Step.3　q に対して，次の規則 I あるいは規則 II を適用し，空節[8]が得られたら **Step.2** へ．そうでない限りは，適用できなくなるまで繰り返しながら簡単化し，最終的に得られた CNF を q' とする．

規則 I　q の中に単一の正リテラル p_i（負リテラル $\neg p_i$）からなる節があれば，p_i=T (p_i=F) とする．

規則 II　命題 p_i が q の中で正リテラル（負リテラル）としてのみ現れているのであれば，p_i=T (p_i=F) とする．

q' が充足可能であれば YES を出力して終了．そうでなければ q' を q とする．

Step.4　q の中に含まれる１つの命題 p_i を選び，p_i=T と p_i=F にしたときの q を，それぞれ q_1 と q_2 とし，C に追加して，**Step.2** へ．

【例 1.12】 Davis–Putnam 法による SAT の解法

CNF を $p = (p_1 \lor p_2 \lor p_3) \land (\neg p_1 \lor \neg p_2 \lor \neg p_3) \land (p_1 \lor \neg p_3) \land p_2$ とする．

Step.1　$C = \{p\}$ とする．

8) リテラルを１つも含まない節（常に偽である）．

Step.2 $q = p$, $C = \varnothing$ とする（$\varnothing$ は空集合）.

Step.3 規則 I より，p_2=T とし，$(p_1 \vee \mathsf{T} \vee p_3) \wedge (\neg p_1 \vee \neg \mathsf{T} \vee \neg p_3) \wedge (p_1 \vee \neg p_3) \wedge \mathsf{T} = (\neg p_1 \vee \neg p_3) \wedge (p_1 \vee \neg p_3)$.
さらに，規則 II より，p_3=F とし，q'=$(\neg p_1 \vee \mathsf{T}) \wedge (p_1 \vee \mathsf{T})$=T．よって，YES を出力して終了.

問 1.15 CNF を $p = (p_1 \vee p_2) \wedge (\neg p_1 \vee \neg p_2) \wedge (p_1 \vee \neg p_3) \wedge (p_2 \vee p_3)$ として，Davis–Putnam 法を適用せよ.

Davis-Putnam 法を用いる場合，効率よく答えを得るためには，アルゴリズムの下線部（2 箇所）での選択の仕方がポイントである．比較的有効だとされている選択の仕方は次のとおり.

- **Step.2** ：C の中から 1 つの論理式の選び方
  論理式に含まれている節の個数が少ないものを優先して選ぶ
- **Step.4** ：q の中から 1 つの命題の選び方
  論理式の中で，出現している回数が多い変数を優先して選ぶ

SAT の解法としては，この他に，m 個の命題の真理値の組合せをランダムに作り出しては充足可能性を確かめることを基本操作とする**ランダム探索法** (Walk SAT) がある．このアルゴリズムは，与えられた CNF が充足可能である場合には比較的短時間で答えがでるが，充足可能でない場合にはアルゴリズムがなかなか停止しないという特性がある.

1.4.3 論理式と論理回路

コンピュータ（電子計算機）では，真理値（T, F）に対する論理積 $\wedge$，論理和 $\vee$，否定 $\neg$ を下図に示す電子回路で実現している．これらは**論理ゲート** (logic gate) とよばれ，入力と出力はともに電気信号としての「1 または 0」である [9]．図中，x_1, x_2, y は，1 または 0 を値とする変数である．また，論理ゲートには，AND と NOT の機能を 1 つにした NAND （$y = \neg(x_1 \wedge x_2)$），OR と NOT

[9] 1 と 0 は，それぞれ，電気的な High と Low（たとえば，5V と 0V）に対応する.

の機能を 1 つにした NOR（$y = \neg(x_1 \vee x_2)$）も用いられている．

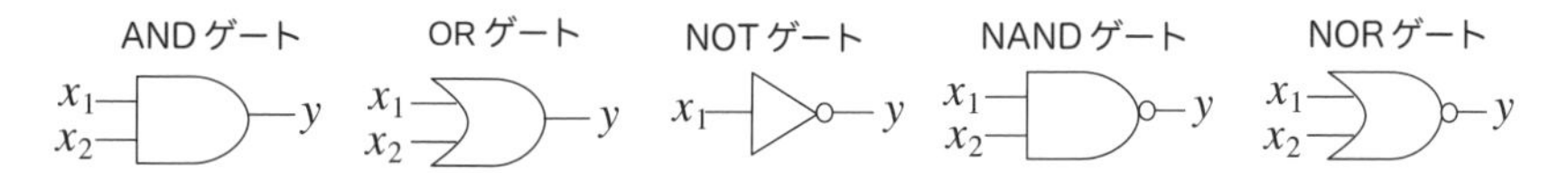

1 と 0 を，それぞれ真と偽に対応させることで，任意の論理式を論理ゲートの組合せで実現できる．

【例 1.13】 論理回路

下図の (a) は，入力 x_1, x_2 に対する，$\neg x_1$ と x_2 の論理積が出力 y になるため，$y = \neg x_1 \wedge x_2$ の論理回路である．また，同図 (b) は，入力 x_1, x_2 に対する，x_1 と x_2 の論理和と，x_2 との論理積なので，$y = (x_1 \vee x_2) \wedge x_2$ の論理回路である．

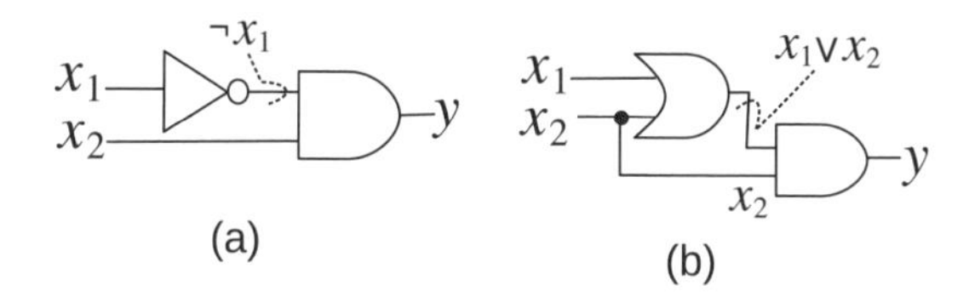

問 1.16　下図の (a)〜(c) の論理回路に対する入力を x_1, x_2 としたとき，出力 y, y_1, y_2 を表す論理式をそれぞれ答えよ．

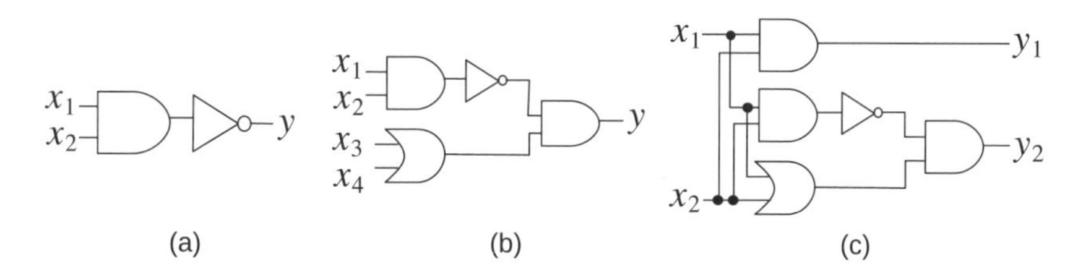

章　末　問　題

1.1　ある論理式に n 種類の命題が含まれている場合には，その真理値表は 2^n 行になることを証明せよ．

1.2 論理式 $\neg(p \vee q) \vee (\neg p \wedge q)$ が，論理式 $\neg p$ と同値であることを，真理値表を用いずに論理式の同値の法則を使って証明せよ．

1.3 次の論理式が成り立つことを, 論理式の同値の法則を使って証明せよ．

a) $p \vee (p \Rightarrow q) \Leftrightarrow \mathsf{T}$,　b) $p \wedge (p \vee q) \Leftrightarrow p$,
c) $(p \Rightarrow q) \wedge (p \Rightarrow \neg q) \Leftrightarrow \neg p$

1.4 次の論理式は括弧が省略されている. 省略された括弧をすべて補った論理式にしてから真理値表を作成せよ．

$$p \wedge q \Rightarrow r \Leftrightarrow p \wedge \neg r \Rightarrow \neg q$$

1.5 次の論理式の真理値表を作成し, 恒真, 恒偽, 充足可能な論理式を a,b,c で答えよ．

a) $(p \wedge q) \Rightarrow (p \Rightarrow q)$,　b) $(\neg p \Rightarrow q) \wedge \neg(p \vee q)$,
c) $(\neg p \wedge q) \Rightarrow ((p \wedge r) \vee q)$

1.6 AND ゲート，OR ゲート，NOT ゲート，それぞれの機能を NAND ゲートだけで実現する方法（論理回路）を考えよ．（ヒント：NAND ゲートで NOT ゲートを実現することから考えるとよい）

1.7 3 種類の入力（真理値） x_1, x_2, x_3 について，各問を満たす論理回路（AND ゲート，OR ゲートを用いる）を作成せよ．

a) 出力を $x_1 \wedge x_2 \wedge x_3$ とする．
b) 出力を x_1, x_2, x_3 の多数決とする．すなわち，x_1, x_2, x_3 のうち，少なくとも 2 つ以上が 1 であるときに出力が 1 になる．

第 2 章
集合の基礎

2.1　集合の要素と記法

2.1.1　集合の要素

考察の対象となる‘もの (object)’の集まりを**集合** (set) といい，集合 A の中に入っている‘もの’を A の**要素** (element) または**元**といい，a は集合 A に属する (belong)，あるいは 集合 A は a を含む (contain) といい，$a \in A$ と表す．$a \in A$ の否定，すなわち．要素 a は A に属さないことを $a \notin A$ と表す．

なお，要素を 1 つも含まない集合も考察の対象とし，これを**空集合** (empty set) といい，$\varnothing$ と表す．

【例 2.1】 集合

(1)　プログラミング言語の名前 Scratch, Java, C, Python からなる集合
(2)　10 より小さい非負整数 (non-negative integer) の集合
(3)　単語 science に含まれる文字からなる集合
(4)　自然数 (natural number) 全体からなる集合（0 も含める）
(5)　$x^2 = 2$ を満たす整数 (integer) の集合

問 2.1　集合とはいえない，ものの集まりの例をあげよ．

2.1.2　外延的記法と内包的記法

集合の式として表す方は 2 種類に大別される．一つは，集合に含まれる要素 a, b, c, d を $\{a, b, c, d\}$ のように並べて表す記法であり，これを集合の**外延的記法**

(extension notation) という．基本的には，集合に含まれる要素をすべて並べるが，たとえば，「すべての正の奇数からなる集合」のような場合には，$\{1, 3, 5, \ldots\}$ と一部を省略して表すこともある．

もう一つは，集合に含まれる要素 x が満たすべき条件 $c(x)$ を，$\{x \mid c(x)\}$ あるいは $\{x : c(x)\}$ と表す，**内包的記法** (comprehension notation) である．

なお，空集合 $\varnothing$ は外延的記法によっては $\{\ \}$ と表される．

【例 2.2】 集合の記述例

例 2.1 (1) は外延的記法によって，{Scratch, Java, C, Python} と表される．

例 2.1 (4) は内包的記法によって，$\{x \mid x$ は自然数$\}$ と表される．さらに，自然数全体からなる集合を $\mathbb{N}$ とすれば，$\{x \mid x \in \mathbb{N}\}$ とも書ける．以下，自然数には 0 も含める．

また，「10 以下の自然数からなる集合」を内包的記法では，$\{x \mid x \in \mathbb{N}$ かつ $x \leqq 10\}$ あるいは $\{x \in \mathbb{N} \mid x \leqq 10\}$ とも書く．このとき，$\{x \mid x \leqq 10\}$ としてしまうと，この集合の要素には，−1, −2 などの負の数や，3.14 などの実数も含まれてしまうことに注意せよ [1)]．

問 2.2　例 2.1 の各集合について，次の a), b) にそれぞれ答えよ．

a) (2), (3) を外延的記法によって表せ．

b) (2), (5) を内包的記法によって表せ．

問 2.3　自然数全体からなる集合を $\mathbb{N}$，整数全体からなる集合を $\mathbb{Z}$ とする．このとき，以下の中から $\{-2, -1, 0, 1, 2\}$ の内包的記法として正しいものをすべて選びなさい．

a) $\{x \mid x \in \mathbb{N}$ かつ $-3 < x < 3\}$,　　b) $\{x \mid x \in \mathbb{Z}$ かつ $-3 < x < 3\}$,

c) $\{x \in \mathbb{Z} \mid x^2 \geqq 9\}$,　　d) $\{x \in \mathbb{Z} \mid x^2 < 9\}$,

e) $\{x \mid x$ は $|x| \leqq 2$ を満たす整数$\}$,　　f) $\{x \mid x$ は $|x| < 3$ を満たす

1) 要素 x が自然数であること，すなわち，$x \in \mathbb{N}$ は省略してはいけない．

自然数}

2.1.3 外延的記法の表記上の注意

- 同じ要素は含めない．例えば，$\{1,2,1\}$ とは表さず，$\{1,2\}$ と表す．
- 外延的記法において，要素の列挙順は問わない．例えば，$\{1,2,3\}$ と，$\{1,3,2\}$ は同じ集合を表す．
- $\{1\}$ と，$\{\{1\}\}$ は異なる集合である．この場合，$\{1\}$ の要素は 1 であるが，$\{\{1\}\}$ の要素は $\{1\}$ である．
- $\varnothing$ と $\{\varnothing\}$ は異なる集合である．$\varnothing$ は要素を 1 つももたない空集合であるのに対し，$\{\varnothing\}$ は $\varnothing$ を要素としてもつため空集合ではない．同様に，$\{\ \}$ と $\{\{\}\}$ も異なる集合である（$\{\{\}\}$ と $\{\varnothing\}$ は同じ集合）．

2.1.4 ベン図による集合の表現

集合を図として表したのが**ベン図**[2] (Venn diagram) である．ベン図では，その集合に含まれている要素を一つ一つ書き表し，すべての要素を曲線で取り囲む．このとき，要素は文字または図形（○や×など）で表される．

【例 2.3】 ベン図

例 2.1 の (1) と (2) とをそれぞれ集合 A と B として，ベン図として描いたのが次図 (a) と (b) である．さらに，B の要素の中で，奇数の要素だけからなる集合を D としたときのベン図が同図 (c) である．このように，集合 D の要素が，同時に集合 B の要素でもあるとき，B の要素の中で D の要素でもあるものだけを取り囲む曲線を描くこともある．このとき，D に含まれる要素は B にも含まれていることに注意せよ[3]．

---

[2] John Venn (1834–1923) イギリスの数学者．

[3] このときの集合 D と B は，2.3.1 項で述べる部分集合の関係（D は B の部分集合）にあたる．

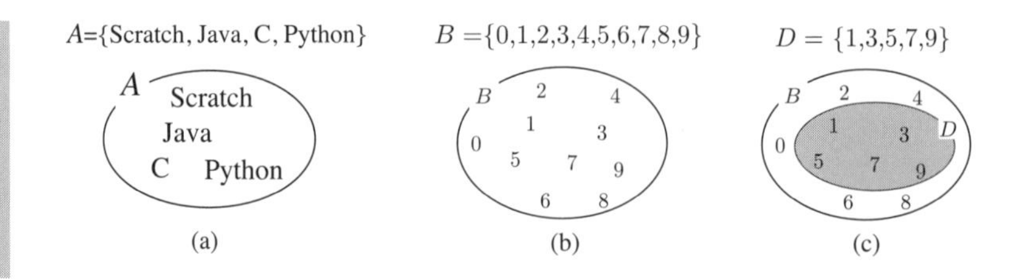

ベン図では，すべての要素を書き並べることを省略することもある．その場合は，曲線で描かれた内部（領域）が集合（の範囲）を表す．

問 2.4　例 2.1 の (3) をベン図で描け．

2.1.5 全体集合

一連の考察において，ある 1 つの定まった集合 U を考え，その中で特定の条件を満たす要素からなる集合について議論を進めていくことが多い．このとき，U をその考察における**全体集合** (universal set) または**普遍集合**という．ベン図では，全体集合 U は長方形の全領域として描かれ，その中に含まれているいくつかの要素からなる集合は，長方形の部分的な領域として描かれる．

【例 2.4】 全体集合のベン図

例 2.1 の (2) を集合 B としたとき，全体集合 U が $\{x \mid x \text{ は非負整数}\}$ であれば，このときのベン図は下図のように長方形の一部の領域として集合 B が描かれる．

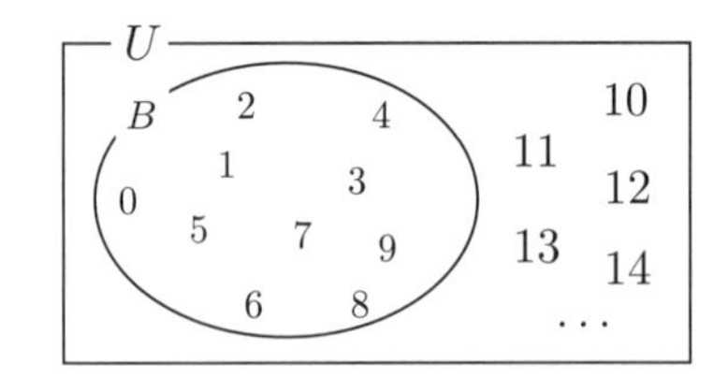

問 2.5　全体集合を例 2.4 のそれと同じとし，$\{x \mid x \in \mathbb{N}, x \text{ は } 10 \text{ 以下の奇数}\}$ を集合 E としたとき，全体集合と E をベン図で描け．

2.2 集合の種類

2.2.1 有限集合と無限集合

集合 A が有限個の要素からなるとき A を**有限集合** (finite set) といい，そうではないとき A を**無限集合** (infinite set) という．以下，断りのない限り，集合といえば有限集合を対象とする．

問 2.6 例 2.1 の (1)〜(5) の各集合を有限集合と無限集合に区別せよ．

2.2.2 集合の要素の個数

有限集合 A の要素の個数を**濃度** (cardinality) あるいは**基数**とよび，$|A|$ あるいは card A と表す．

【例 2.5】 集合の要素の個数

$$|\{a,b,c,d\}| = 4, \qquad |\varnothing| = 0, \qquad |\{\{1,2\},\{1\},\{2\}\}| = 3$$

空集合 $\varnothing$ は要素が一つもないので濃度は 0 である．$\{\{1,2\},\{1\},\{2\}\}$ には，3 つの集合 $\{1,2\}$ と $\{1\}$ と $\{2\}$ が属しているので濃度は 3 である．

問 2.7 例 2.1 の (1)〜(5) の中の有限集合について，濃度をそれぞれ求めよ．

問 2.8 次の a)〜d) の値をそれぞれ求めよ．

a) $|\{7,4,2,3\}|$,　b) $|\{\{1,2,3,4,5\}\}|$,　c) $|\{\ \}|$,　d) $|\{\varnothing,\{\varnothing\}\}|$

2.2.3 数の集合の種類

今後の議論の中で用いられる主な集合を以下に示す．

$$\text{自然数全体の集合 } \mathbb{N} = \{0,1,2,3,\ldots\}$$
$$\text{整数全体の集合 } \mathbb{Z} = \{\ldots,-3,-2,-1,0,1,2,3,\ldots\}$$

$$\begin{aligned} \text{正整数全体の集合 } \mathbb{Z}^+ &= \{1, 2, 3, \ldots\} \\ \text{負整数全体の集合 } \mathbb{Z}^- &= \{\ldots, -3, -2, -1\} \\ \text{有理数全体の集合 } \mathbb{Q} &= \left\{ \frac{n}{m} \mid m, n \in \mathbb{Z} \text{ かつ } m \neq 0 \right\} \\ \text{実数全体の集合 } \mathbb{R} &= \{x \mid x \text{ は実数}\} \end{aligned}$$

問 2.9　「自然数の集合」と「自然数全体の集合」の違いを述べよ．

2.3 集合どうしの関係

2.3.1 部分集合

2つの集合 A, B があって，A のすべての要素が同時に B の要素であるとき，A は B の**部分集合** (subset) といい，

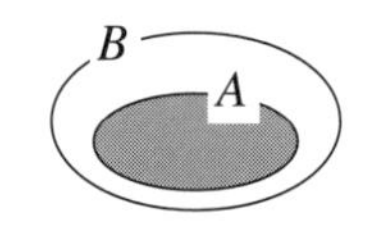

$$A \subset B$$

と表す．このとき，A は B に**含まれる**，B は A を**含む**という．ベン図では，A と B は右図のように描かれる．A が B の部分集合であっても，$A = B$ ではないときには，A は B の**真部分集合** (proper subset) といい，$A \subsetneqq B$ と書く．なお，真部分集合のときに $\subset$ を用い，そうで無いときには $\subseteqq$ あるいは $\subseteq$ を用いることもある．

任意の集合 A 自身も A の部分集合と考える．また，空集合 $\varnothing$ は任意の集合の部分集合であるものとする．すなわち，

$$A \subset A, \qquad \varnothing \subset A.$$

この $\subset$ を集合上の**包含関係**ともいう．

【例 2.6】 部分集合

$A = \{1, 2, 3\}$，$B = \{1, 2, 3, 4, 5\}$，$C = \{3, 5\}$ であるとき，A の要素はすべて B の要素でもあり，また，C の要素もすべて B の要素であることから，次式が成り立つ．

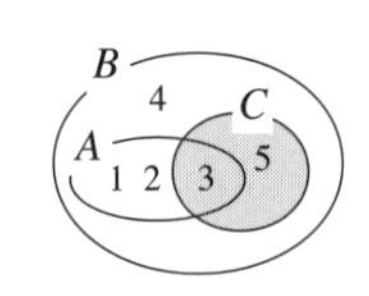

$$A \subset B, \quad C \subset B$$

ベン図で描くと前図になる．ここで，B の要素は，4 の他に，A と C の両方の要素（1, 2, 3, 5）も含んでいることに注意せよ．なお，A と C は部分集合の関係にはない．

問 2.10 4 つの集合 $\mathbb{N}, \mathbb{Z}, \mathbb{Q}, \mathbb{R}$ の間に成り立つ関係 $\bigcirc \subset \triangle$ をすべて列挙せよ（$\bigcirc$と$\triangle$に集合をあてはめる）．

2.3.2 ベキ集合

一般的に，集合 A の部分集合全体（A の部分集合のすべて）を $\mathcal{P}(A)$ または，2^A などと表し，A の**ベキ集合** (power set) という．ここで，$\mathcal{P}(\emptyset) = \{\emptyset\}$ であり，$|\mathcal{P}(A)| = 2^{|A|}$ が成り立つ．

【例 2.7】 ベキ集合

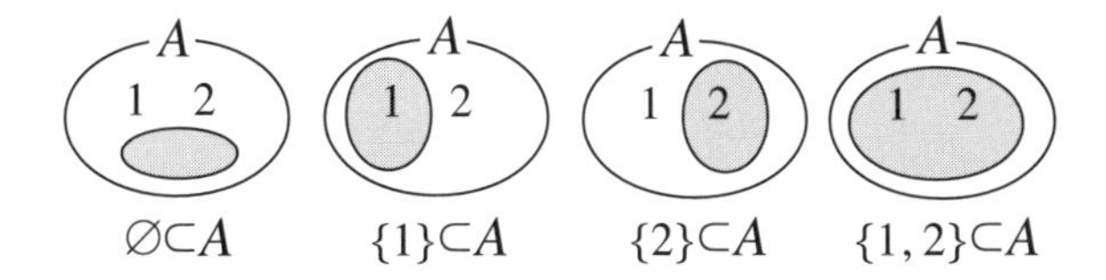

$A = \{1, 2\}$ に対する部分集合は上図のように 4 つある．そのため，A のベキ集合 $\mathcal{P}(A)$ は次式のとおり．

$$\mathcal{P}(A) = \{\emptyset,\ \{1\},\ \{2\},\ \{1, 2\}\}$$

$\mathcal{P}(A)$ の要素（部分集合）が 4 つなのは，A の要素である 1 と 2，それぞれについて，部分集合に「含まれる ($\in$)・含まれない ($\notin$)」の 2 通りがあり，組合せの総数が，次に示すように $2 \times 2 = 2^2$ であるためである[4]．

$$1 \notin, 2 \notin \emptyset \qquad 1 \in, 2 \notin \{1\} \qquad 1 \notin, 2 \in \{2\} \qquad 1 \in, 2 \in \{1, 2\}$$

また，$B = \{1, 2, 3\}$ のベキ集合は，次のように 8 個の要素からなる．

$$\mathcal{P}(B) = \{\emptyset,\ \{1\},\ \{2\},\ \{3\},\ \{1, 2\},\ \{1, 3\},\ \{2, 3\},\ \{1, 2, 3\}\}$$

---

[4] 「$1 \notin, 2 \notin \emptyset$」は「$1 \notin \emptyset, 2 \notin \emptyset$」の略記である（他も同様）．

この場合も，B の各要素ごとに部分集合に「含まれる $(\in)$・含まれない $(\notin)$」の2通りがあるため，組合せの総数は $2\times2\times2=2^3$ となる．

ベキ集合の生成

集合 $\{\alpha,\beta\}$ のベキ集合を作るということの意味ついて考えてみる．いま，α と β を，資格試験を受験した二人の学生としよう．このとき，$\{\alpha,\beta\}$ の各部分集合は，合格した学生からなる集合となる．つまり，合格した可能性のある学生の集合は次の4つである．

二人とも合格 $\{\alpha,\beta\}$　　一人だけ合格 $\{\alpha\}$，$\{\beta\}$　　合格者なし $\varnothing$

よって，$\mathcal{P}(\{\alpha,\ \beta\})=\{\{\alpha,\beta\},\ \{\alpha\},\ \{\beta\},\ \varnothing\}$．このように，集合 P の部分集合は，P の各要素を「含む・含まない」の組合せの分だけ，すなわち，$2^2=4$ 個存在する．

問 2.11　次の a)〜c) にそれぞれ答えよ．

a) $\{1,2,3\}$ の真部分集合をすべて列挙せよ．
b) $\mathcal{P}(\{\varnothing,\{\varnothing\}\})$ を求めよ．
c) $|\mathcal{P}(\{x,y,z,w\})|$ を求めよ．

問 2.12　食べ物のメニューに $\{$そば，うどん，ラーメン$\}$ という3種類がある．このとき，注文可能な組合せをすべてあげよ．なお，何一つ注文しない場合も含めよ．

2.3.3　集合の相等

2つの集合 A, B が全く同じ要素からなるとき，A と B は**相等** (equal) であるといい，$A=B$ と表す．「A, B が全く同じ要素からなる」ことは，「A のすべての要素が B の要素であり，かつ，B のすべての要素が A の要素である」ことと同値であり，このことは次式で表される．

$$A=B \iff (A\subset B)\wedge(B\subset A)$$

【例 2.8】 集合の相等

$\{1, 2, 3, 4\}$ と $\{2, 1, 3, 4\}$ は，両者ともすべての要素が他方の要素であることから相等である．

また，$\{x \mid x$ は $2 < x < 10$ である素数$\}$ と $\{x \mid x$ は $1 < x < 8$ である奇数$\}$ もまた相等である．

問 2.13　次の集合 a) ～ d) の中から相等な集合の組をすべてあげよ．

a) $\{1, 2, 3\}$,　b) $\{2, 3, 1\}$,　c) $\{a, b, c\}$,　d) $\{a, d, c\}$

2.4 集合どうしの演算

2.4.1 共通部分

2 つの集合 A, B に対して，A, B のどちらにも属する要素全体を A と B の**共通部分** (intersection, meet) といい，$A \cap B$ と表す．すなわち，

$A \cap B = \{x \mid x \in A$ かつ $x \in B\}$,　あるいは　$A \cap B = \{x \mid x \in A, x \in B\}$.

このように，内包的記法においては，「かつ」という意味でコンマが用いられる．また，ベン図では下図のように共通部分は網掛けの領域である．

特に，A と B の共通部分が空であるとき，すなわち，$A \cap B = \varnothing$ であるとき，A と B は**交わらない**，または**互いに素** (disjoint) であるという．

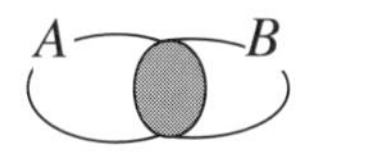

【例 2.9】 共通部分

$\{a, b, c\} \cap \{b, c, d, e\}$ は，両者に同時に含まれている要素は b と c であることから，右図のように $\{b, c\}$ である．

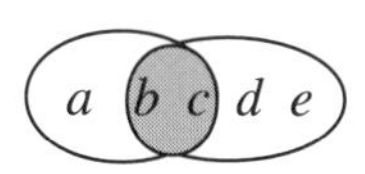

また，$\{a, b, c\}$ と $\{e, d\}$ には同時に含まれている要素はないことから互いに素であり，すなわち，$\{a, b, c\} \cap \{e, d\} = \varnothing$.

問 2.14　$A = \{$子, 丑, 寅, 卯, 辰$\}$, $B = \{$丑, 寅, 卯$\}$, $C = \{$子, 巳, 午, 未$\}$, $D = \{$申, 酉, 丑$\}$ のうちで，互いに素な集合の組をすべてあげよ．

2.4.2 合併集合

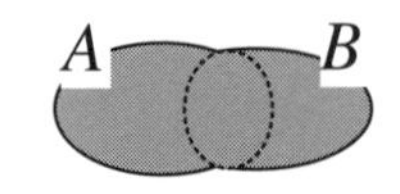

2 つの集合 A, B の少なくとも一方に属するような要素全体の集合を，A と B の**合併集合** (union, join) あるいは**和集合** (sum) とよび，$A \cup B$ と表す．すなわち，

$$A \cup B = \{x \mid x \in A \text{ または } x \in B\}.$$

ベン図では右図のように，A と B の全体である．

【例 2.10】 和集合

$\{a, b, c\} \cup \{b, c, d, e\}$ は，どちらか一方に属する要素からなる $\{a, b, c, d, e\}$ であり，右図のように描かれる．

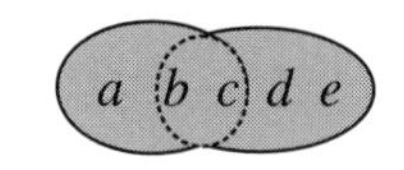

2.4.3 集合の演算法則

集合の共通部分と和集合については，次のような演算法則が成り立つ．

ベキ等法則	$A \cap A = A, \quad A \cup A = A$
	$A \cap \varnothing = \varnothing, \quad A \cup \varnothing = A$
交換法則	$A \cap B = B \cap A, \quad A \cup B = B \cup A$
吸収法則	$A \cup (A \cap B) = A, \quad A \cap (A \cup B) = A$
結合法則	$(A \cap B) \cap C = A \cap (B \cap C)$
	$(A \cup B) \cup C = A \cup (B \cup C)$
分配法則	$A \cap (B \cup C) = (A \cap B) \cup (A \cap C)$
	$A \cup (B \cap C) = (A \cup B) \cap (A \cup C)$

【例 2.11】 集合どうしの関係

$A \cup (A \cap B) = A$ を証明するには，$A \cup (A \cap B) \subset A$ と $A \cup (A \cap B) \supset A$ をそれぞれ示せばよい．

前者：任意の x について，$x \in (A \cup (A \cap B))$ であるとき，x は A または $A \cap B$ の要素であり，いずれの場合にも $x \in A$ が成り立つ．よって，$A \cup (A \cap B) \subset A$.

後者：任意の x について，$x \in A$ であるとき，$x \in A \cup (A \cap B)$ である．よって，$A \cup (A \cap B) \supset A$.

　以上のことから，$A \cup (A \cap B) = A$ が証明された．

問 2.15　$A \cap (A \cup B) = A$ を証明せよ．（ヒント：$A \cap (A \cup B) \subset A$ かつ $A \cap (A \cup B) \supset A$ をそれぞれ示せばよい）

　結合法則は，次のように n 個の集合 $A_1, A_2, \ldots, A_n$ の和集合として，一般化されて用いられることがある．

$$A_1 \cup A_2 \cup \cdots \cup A_n = \bigcup_{i=1}^{n} A_i$$

　この場合，どの二つの集合の和集合を求め始めても，結果として得られる集合には変わりがない．同様にして，n 個の集合 $A_1, A_2, \ldots, A_n$ の共通部分は式で表される．

$$A_1 \cap A_2 \cap \cdots \cap A_n = \bigcap_{i=1}^{n} A_i$$

2.4.4 差集合と補集合

　2 つの集合 A, B について，A の要素であって B の要素でないものの全体がつくる集合を A から B を引いた**差集合** (difference) といい，$A - B$ または $A \setminus B$ と表す．すなわち，

$$A - B = \{x \mid x \in A \text{ かつ } x \notin B\}.$$

ベン図では右図の領域になる．

【例 2.12】 差集合

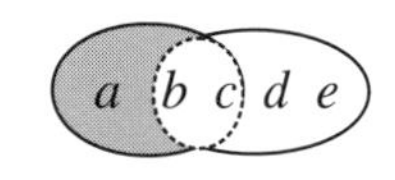

　$\{a, b, c\} - \{c, e, d, b\}$ は，$\{a, b, c\}$ の中から $\{c, e, d, b\}$ との共通の要素 b と c を取り除いた $\{a\}$ である．すなわ

ち，右図のように，$\{a, b, c\} - \{c, e, d, b\} = \{a\}$.

問 2.16　$C = \{$ア, イ, ウ, エ, オ$\}$, $D = \{$ア, カ, サ$\}$ とするとき，以下の各問を外延的記法で答えよ．

a) $C \cap D$,　　b) $C - D$,　　c) $C - (C - D)$

問 2.17　次の各問に答えよ．

a) 下図 (a) に，$(A \cup B) - C$ の領域を描け．

b) 下図 (b) の領域①と②，それぞれを A, B, C と差集合を使った式で表せ．

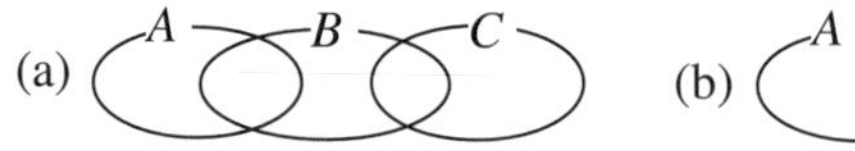

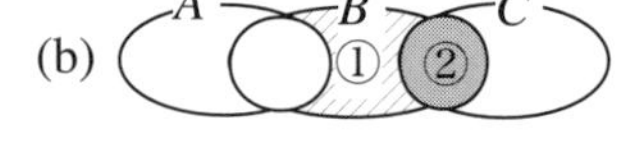

$A \supset B$ であるときには，$A - B$ を A に対する B の**補集合** (relative complementary) という．

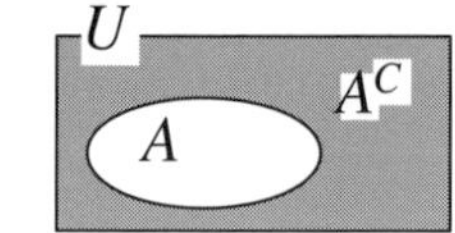

特に，全体集合 U とその部分集合 A が与えられたとき, U に対する集合 A の補集合 $U - A$ を，単に A の**補集合** (complement) といい，A^c または $\overline{A}$ と表す．すなわち，

$$A^c = \{x \mid x \in U \text{ かつ } x \notin A\}.$$

ベン図では右図の網掛けの領域である．

【例 2.13】 補集合

$\mathbb{Z}$ を全体集合としたとき，$\mathbb{Z} \supset \mathbb{N}$ であり，$\mathbb{N}$ の補集合 $\mathbb{Z} - \mathbb{N}$ は，負の整数全体の集合 $\mathbb{Z}^-$ である．

問 2.18 $U = \{月, 火, 水, 木, 金, 土, 日\}$, $A = \{月, 火\}$, $B = \{土, 日\}$, $C = \{火, 金\}$, U を全体集合としたとき，以下の各問を外延的記法で答えよ．

a) $A \cup B$, b) A^C, c) $A \cap B \cap C$, d) $U - (A \cup B \cup C)$

問 2.19 下図において，U は全体集合である．

a) 集合 $(A \cup B) - C$ の領域を下図 (a) に網掛けせよ．
b) 下図 (b) における集合 $A^c \cap B^c \cap C$ の領域を網掛けせよ．
c) 下図 (c) における集合 $A \cup (B \cap C)$ の領域を網掛けせよ．

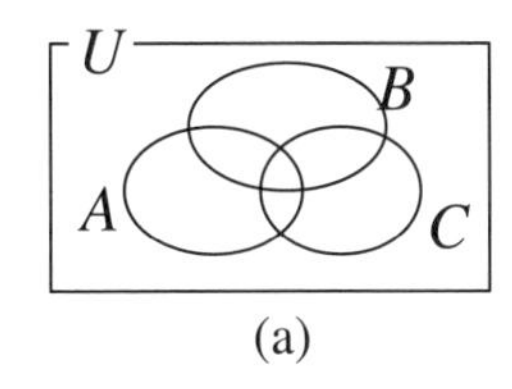

(a)

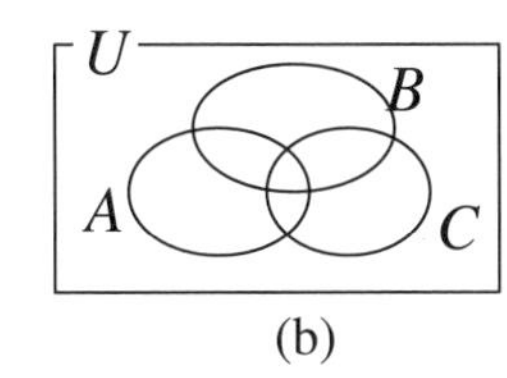

(b)

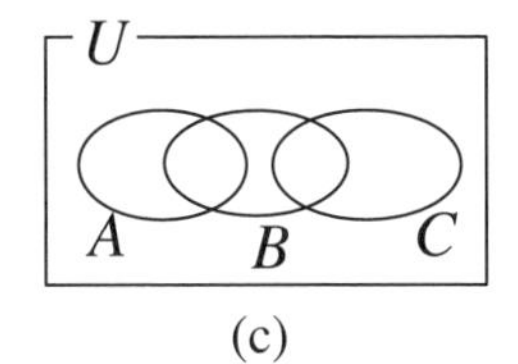

(c)

2.4.5 集合の直積

すでに，2 つの集合 A, B に対する和と差に相当する演算を述べてきた．ここでは，集合の積に相当する演算を述べる [5]．2 つの集合 A, B の積は，A の要素 a と B の要素 b との順序づけられた組 (a, b) のすべてからなる集合であり，これを A と B の**直積** (product) あるいは**デカルト積** (Cartesian product) といい，$A \times B$ と表す．すなわち，

$$A \times B = \{(a, b) \mid a \in A, b \in B\}.$$

直積の要素 (a, b) を**順序対** (orderd pair) という [6]．

一般的には，n 個の集合 $A_1, A_2, \ldots, A_n$ の要素の順序づけられた組 $(a_1, a_2, \ldots, a_n)$ 全体の集合が，$A_1, A_2, \ldots, A_n$ の直積であり，$A_1 \times A_2 \times \cdots \times A_n$

[5] 集合の商にあたる演算は 5.5.3 項で述べる．
[6] 順序対を $\langle a, b \rangle$ と表す場合もあるが，集合 $\{a, b\}$ とは区別すること．

で表される．すなわち，

$$A_1 \times A_2 \times \ldots \times A_n = \{(a_1, a_2, \ldots, a_n) \mid a_1 \in A_1, a_2 \in A_2, \ldots, a_n \in A_n\}.$$

n 個の集合 $A_1, A_2, \ldots, A_n$ の直積を次式で書くこともある．

$$A_1 \times A_2 \times \cdots \times A_n = \prod_{i=1}^{n} A_i$$

とくに，$A = A_1 = A_2 = \cdots = A_n$ であるとき，すなわち，同一の集合 A の n 個の直積を A^n と表す．

【例 2.14】 直積

$L = \{1, 2, 3\}, R = \{a, b, c\}$ であるとき，たとえば，$L \times R$ は，L の要素 $1, 2, 3$ と R の要素 a, b, c のすべての順序対（全部で 9 個）からなる．

$$L \times R = \{(1, a), (1, b), (1, c), (2, a), (2, b), (2, c), (3, a), (3, b), (3, c)\}$$

この直積の要素は，下図 (a) のように L の要素を行，R の要素を列にそれぞれ並べた表の各欄に相当する．このことからも，直積の要素の数は，$3 \times 3 = 9$ 個であることがわかる．さらに，$R \times L$，$L \times L$，$R \times R$ は，それぞれ次式となる．これらの直積の要素は，下図 (b)～(d) の表の各欄に相当する．

$$R \times L = \{(a, 1), (b, 1), (c, 1), (a, 2), (b, 2), (c, 2), (a, 3), (b, 3), (c, 3)\}$$
$$L \times L = \{(1, 1), (1, 2), (1, 3), (2, 1), (2, 2), (2, 3), (3, 1), (3, 2), (3, 3)\}$$
$$R \times R = \{(a, a), (a, b), (a, c), (b, a), (b, b), (b, c), (c, a), (c, b), (c, c)\}$$

	a	b	c
1	$(1, a)$	$(1, b)$	$(1, c)$
2	$(2, a)$	$(2, b)$	$(2, c)$
3	$(3, a)$	$(3, b)$	$(3, c)$

(a) $L \times R$

	1	2	3
a	$(a, 1)$	$(a, 2)$	$(a, 3)$
b	$(b, 1)$	$(b, 2)$	$(b, 3)$
c	$(c, 1)$	$(c, 2)$	$(c, 3)$

(b) $R \times L$

	1	2	3
1	$(1, 1)$	$(1, 2)$	$(1, 3)$
2	$(2, 1)$	$(2, 2)$	$(2, 3)$
3	$(3, 1)$	$(3, 2)$	$(3, 3)$

(c) $L \times L$

	a	b	c
a	(a, a)	(a, b)	(a, c)
b	(b, a)	(b, b)	(b, c)
c	(c, a)	(c, b)	(c, c)

(d) $R \times R$

この例からもわかるように，一般に，2 つの集合 A, B の直積について，$A \times B \neq B \times A$ である．また，直積の要素数について，次式が成り立つ．

$$|A \times B| = |A| \cdot |B|$$

【例 2.15】 平面と空間の座標

平面座標の任意の点は，下図 (a) のように x 軸の座標 $a \in \mathbb{R}$ と y 軸の座標 $b \in \mathbb{R}$ の順序対 $(a, b) \in \mathbb{R}^2$ で表される．また，空間座標の任意の点は，同図 (b) のように，3 つの実数（x 軸，y 軸，z 軸）の順序対 $(a, b, c) \in \mathbb{R}^3$ で表される．

このように，平面座標と立体座標は，それぞれ，$\mathbb{R}^2$ と $\mathbb{R}^3$ の幾何学的表現にあたる．なお，平面座標と空間座標はデカルト[7] の考案であり，**デカルト座標**ともいわれている．

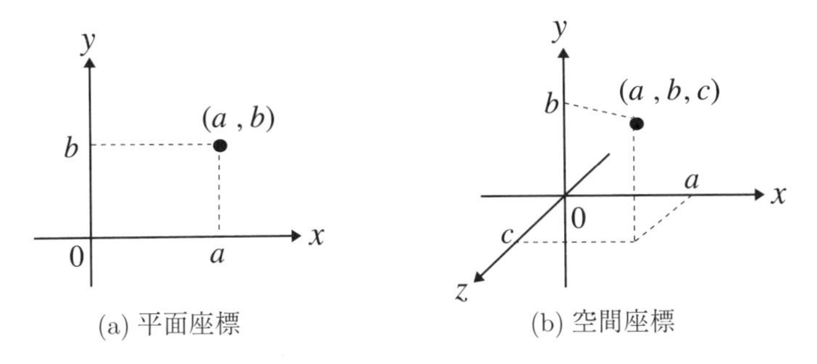

(a) 平面座標　　(b) 空間座標

問 2.20　$A = \{0, 1\}$，$B = \{0, 1, 2\}$ であるとき，各問に外延的記法で答えよ．

a) $|A \times B|$,　b) $(A \times B) \cup (B \times A)$,
c) A^2 と A^3,　d) $A \times C = C \times A$ を満たす集合 C

プログラミング言語と集合

プログラミング言語において，集合に対応する概念として**データ型** (data type) がある．コンピュータは有限集合を扱うため，整数に対応するデータ型は，C 言語の場合，$-2^{15} \sim (2^{15} - 1)$ の整数の集まりである**整数型**である[8]．たとえば，プログラムの中で**変数** (variable) x が整数を値とする（整数が格

---

[7] René Descartes (1596–1650)　フランスの数学者，哲学者．

納される）とき，`int x` と定義（宣言）される．ここで，`int` は整数型を表す名称（キーワード）であり，`int x` は，数学における $x \in \mathbb{Z}$ に相当する．また，自然数に対応するデータ型として `unsigned int`，実数に対応するデータ型として `float` や `double` がある．

この他に，直積に対応するデータ型が**構造体**であり，たとえば，$(x, y) \in \mathbb{N} \times \mathbb{Z}$ は，次のように定義される：

```
struct nat_int {unsigned int x; int y}.
```

このように，データ型は集合とみなすことができる．

2.5　論理と集合

2.5.1　述語と変域

1.1.2 項で，変数を含む式や文を**述語**あるいは**条件**とよぶことを述べた．ここでは，集合の概念を使ってこの用語を定める．下図のように，ある全体集合 U の任意の要素を表す変数 x を含む文で，x に U の要素を代入したときに真偽が定まるものを，x についての述語あるいは条件とよび，$p(x)$ などと表す．このときの全体集合 U をその変数の**変域**という．変数 x についての述語（条件）は $p(x)$ が真であるとき，x は述語 p を満たすという．複数個の変数，例えば，3 つの変数に関する述語は $q(x, y, z)$ と表す．

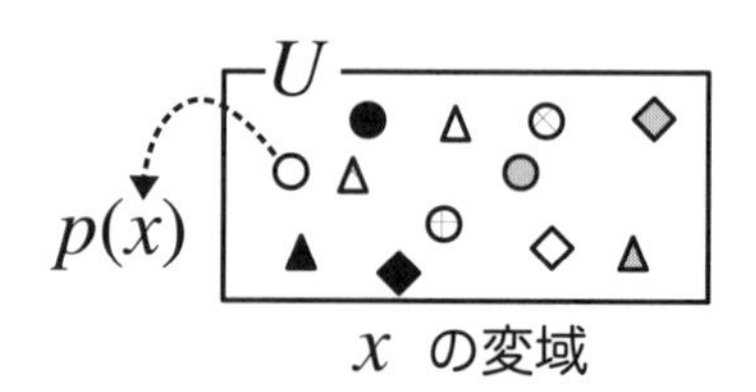

2.5.2　述語と集合

U を変域とする変数 x の述語 $p(x)$ が与えられたとき，U の部分集合 P_T と

[8] 整数の範囲は言語処理系（コンパイラ）に依存する．この例は 32 ビットプロセッサに対応した言語処理系の場合である．

P_F を，それぞれ，

$$P_T = \{x \in U \mid p(x)\}, \qquad P_F = \{x \in U \mid \neg p(x)\}$$

と定める．

この集合 P_T を述語 p の**真理集合** (truth set) とよぶ．P_T は，ベン図では下図のように描かれ，P_F は，U を全体集合としたとき，P_T の補集合にあたる．すなわち，$P_F = (P_T)^c$．同様に，$P_T = (P_F)^c$ である．

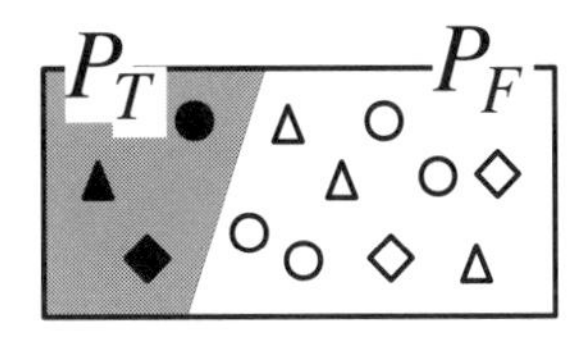

さらに，変域が U である x についての述語 $q(x)$ の真理集合を，$Q_T = \{x \in U \mid q(x)\}$ と定めたとき，$p(x)$ と $q(x)$ について，

$$\neg p(x), \qquad p(x) \wedge q(x), \qquad p(x) \vee q(x)$$

の真理集合は，それぞれ，次のようになる．

$$(P_T)^c, \qquad P_T \cap Q_T, \qquad P_T \cup Q_T$$

【例 2.16】 真理集合

述語 $d(x), s(x)$ をそれぞれ，「x は D 大学の学生である」，「x は S 学部の学生である」を表すとき，「x は D 大学 S 学部の学生である」を表す論理式は，$d(x) \wedge s(x)$ となる．このとき，各述語の真理集合は次のようになる．

$$D_T = \{x \mid d(x)\} \qquad S_T = \{x \mid s(x)\}$$

これらの集合には，$D_T \cap S_T = \{x \mid d(x) \wedge s(x)\}$ が成り立つ．

問 2.21　例 2.16 の述語と，「x は I 県に住んでいる」を表す述語 $i(x)$ を用いて，「x は I 県に住む D 大学の学生である」を表す論理式と，その論理式の真理集合をそれぞれ答えよ．

2.5.3 全称命題と存在命題

述語 p は，その真理集合 P_T の性質に応じて，次のような記号 ∀, ∃ とともに用いられる．

$\forall \boldsymbol{x} : \boldsymbol{p}(\boldsymbol{x})$　「すべての x に対して $p(x)$ が成立する」を表す．これを**全称命題** (universal proposition) とよび，∀ を**全称記号** (universal quantifier) という．「$\forall x : p(x)$」は x の変域 U のすべての要素が $p(x)$ を真にする，すなわち，$P_T = U$ であり，$U = \{x_1, x_2, \ldots, x_n\}$ のとき，次式が成り立つ．

$$\forall x : p(x) \quad \Leftrightarrow \quad p(x_1) \wedge p(x_2) \wedge \cdots \wedge p(x_n)$$

$\exists \boldsymbol{x} : \boldsymbol{p}(\boldsymbol{x})$　「$p(x)$ が成立するような x が存在する」を表す．これを**存在命題** (existential proposition) とよび，∃ を**存在記号** (existential quantifier) という．「$\exists x : p(x)$」は x の変域 U のある要素（一つ以上）が $p(x)$ を真にする，すなわち，$|P_T| \geqq 1$ であり，$U = \{x_1, x_2, \ldots, x_n\}$ のとき，次式が成り立つ．

$$\exists x : p(x) \quad \Leftrightarrow \quad p(x_1) \vee p(x_2) \vee \cdots \vee p(x_n)$$

このように変数を含む述語は全称記号 ∀ や 存在記号 ∃ とともに用いられることで真理値が定まる**命題**となる．なお，∀ や ∃ とともに用いられる変数は，他の変数に書き換えることができる．例えば，$\forall x : p(x)$ と $\forall z : p(z)$ は同じ命題を表す．また，述語 $p(x)$ の束縛変数 [9] x の変域 U を明らかにするために，

$$\forall x \in U : p(x), \qquad \exists x \in U : p(x)$$

と書くこともあるが，前後の文脈から変域が明らかなときには省略される．

---

[9] ∀, ∃ を伴っている変数．

【例 2.17】 全称記号と存在記号

変数 x の変域を $U = \{0, 1, 2\}$ とする．

$\forall x \in U : (x \geqq 0)$ は，次式と同値であり「真」である．

$$\forall x \in U : (x \geqq 0) \;\Leftrightarrow\; (0 \geqq 0) \wedge (1 \geqq 0) \wedge (2 \geqq 0)$$

これに対して，$\forall x \in U : (x > 0)$ は「偽」であるが，$\exists x \in U : (x > 0)$ は「真」である．すなわち，

$$\forall x \in U : (x > 0) \;\Leftrightarrow\; (0 > 0) \wedge (1 > 0) \wedge (2 > 0)$$
$$\exists x \in U : (x > 0) \;\Leftrightarrow\; (0 > 0) \vee (1 > 0) \vee (2 > 0)$$

問 2.22　一般的に，「すべての x について，$s(x)$ は $v(x)$ である．」という文は，$\forall x : (s(x) \Rightarrow v(x))$ という論理式で表される．また，「ある x について，$s(x)$ は $v(x)$ である．」あるいは「ある x について，$v(x)$ かつ $s(x)$ がある．」という文は，$\exists x : (s(x) \wedge v(x))$ という論理式で表される．このとき，以下の問に答えよ．

a) 以下の述語が定義されているものとする．

　$h(x)$ ： x はハンバーガーである．　　$d(x)$ ： x はおいしい．

　このとき，「すべてのハンバーガーはおいしい」と「ハンバーガーの中にはおいしいものもある」を論理式でそれぞれ表せ．

b) 以下の述語が定義されているものとする．

　$r(x)$ ： x は実数である．　　$less(x, y)$ ： x は y より小さい $(x < y)$．

　このとき，「すべての実数 x について $x < y$ であるような実数 y が存在する．」を論理式を用いて表せ．

【例 2.18】 $\forall x \exists y$ と $\exists y \forall x$

整数 x, y についての加法 $+$ がもつ性質には，①「すべての整数 x に対して，$x + y = x$ を満たす y が存在する」[10] と②「すべての整数 x に対して，$x + y = 0$ を満たす y が（x ごとに）存在する」[11] がある．①と②は，それぞれ次の論理式で表される．

$$\exists y \forall x : (x + y = x), \qquad \forall x \exists y : (x + y = 0)$$

前者は，「ある y が（少なくとも一つ）存在していて，その y と任意の x との和は x になる」ことを表す．後者は，「どの x にも，ある y が（少なくとも一つ）存在していて，両者の和 $x + y$ は 0 である」ことを表す．

2つの論理式の違いを，一般的に述べるために，x, y についての述語を $p(x, y)$ とし，簡単のために，x, y の変域を $\{1, 2\}$ とする．このとき，「$\exists y \forall x : p(x, y)$」は次式と同値である．

$$\underbrace{\overbrace{\{p(1, \boxed{1}) \wedge p(2, \boxed{1})\}}^{x=1,2} \vee \overbrace{\{p(1, \boxed{2}) \wedge p(2, \boxed{2})\}}^{x=1,2}}_{\boxed{y=1,2}}$$

この論理式は，いずれの x であっても，$p(x, y)$ を満たす共通の y が少なくとも一つあれば真になる．一方，「$\forall x \exists y : p(x, y)$」は次式と同値である．

$$\overbrace{\underbrace{\{p(\boxed{1}, 1) \vee p(\boxed{1}, 2)\}}_{y=1,2} \wedge \underbrace{\{p(\boxed{2}, 1) \vee p(\boxed{2}, 2)\}}_{y=1,2}}^{\boxed{x=1,2}}$$

この論理式は，いずれの x にも，$p(x, y)$ を満たす y が x ごとに少なくとも一つあれば真になる．

最初にあげた加法 $+$ についての性質の場合，x, y の変域を $\mathbb{Z}$ とし，$p(x, y)$ を $(x+y=x)$ としたのが①，$p(x, y)$ を $(x+y=0)$ としたのが②になる．

---

10) このような y を加法 $+$ の単位元という．
11) このような y を加法 $+$ の逆元という．

問 2.23　x, y の変域がともに整数であるとき，以下の命題の真偽を答えよ．

$$\text{a) } \forall x \exists y : (x + y = y), \qquad \text{b) } \exists x \forall y : (x + y = 0).$$

2.5.4 含意と同値

述語 $p(x), q(x)$ について，$\forall x : (p(x) \Rightarrow q(x))$ について考える．この論理式は「変数 x が述語 $p(x)$ を満たすならば x は必ず述語 $q(x)$ も満たす」という命題である．すなわち，

$$\forall x \in U : (x \in P_T \Rightarrow x \in Q_T).$$

これは，$P_T \subset Q_T$ と同じことである．よって，以下のことがいえる．

$p(x) \Rightarrow q(x)$ が成り立つことは $P_T \subset Q_T$ と同じ．
$p(x) \Leftrightarrow q(x)$ が成り立つことは $P_T = Q_T$ と同じ．

問 2.24　「x は 4 の倍数である」を表す述語 $q(x)$，「x は 2 の倍数である」を表す述語 $d(x)$ を用いて，「4 の倍数ならば 2 の倍数である」を表す論理式とその論理式の真理集合をそれぞれ答えよ．

2.5.5 命題の否定

命題 $\forall x : p(x)$ と $\exists x : p(x)$ の否定を考えよう．命題 $\forall x : p(x)$ の否定，すなわち $\neg\forall x : p(x)$ は，「すべての x について $p(x)$ が成り立たない」を意味しており，「$\neg p(x)$ が成り立つような x が存在する」ことと同じである．すなわち，

$$\neg\forall x : p(x) \Leftrightarrow \exists x : \neg p(x).$$

また，命題 $\exists x : p(x)$ の否定，すなわち $\neg\exists x : p(x)$ は，「$p(x)$ が成り立つ x が存在しない」を意味しており，「すべての x に対して $\neg p(x)$ が成り立つ」ことと同じである．すなわち，

$$\neg\exists x : p(x) \Leftrightarrow \forall x : \neg p(x).$$

【例 2.19】 全称命題・存在命題の否定

$h(x)$ を問 2.22a) の意味であるとする．このとき，$\forall x : h(x)$ は，「すべてハンバーガーである」を表し，その否定 $\neg\forall x : h(x)$ は，「すべての x がハンバーガーではない」，いいかえれば，「ハンバーガー以外のものがある」を表す．すなわち，$\neg\forall x : h(x)$ は，$\exists x : \neg h(x)$ と同値である．

同様に，$d(x)$ を問 2.22b) の意味であるとする．$\neg\exists x : d(x)$ は，「おいしいものが存在しない」を表し，これは，「すべてのものはおいしくない」と同じである．すなわち，$\forall x : \neg d(x)$ と同値である．

問 2.25　$\forall x \exists y : p(x, y)$ の否定を $\neg p(x, y)$ を含む論理式として答えよ．

章末問題

2.1　A は全体集合 U の任意の部分集合を表すとき，「$A \subset B \wedge B \subset C \Rightarrow A \subset C$」が成り立つことを証明せよ．

2.2　次の 4 つの集合の中から少なくとも 3 つの集合と演算 $\cap, \cup, -$ を用いながら，集合 $\{2, 4, 8\}$ が得られるような式を答えよ．

$$A = \{1, 2, 4\}, \qquad B = \{2, 4, 6\}, \qquad C = \{1, 3, 5, 7, 9\}, \qquad D = \{7, 8, 9\}$$

たとえば，式 $A \cup (C \cap D)$ からは $\{1, 2, 4, 7, 9\}$ が得られる．

2.3　次に示す，集合に関する**ド・モルガンの法則**を，集合の演算法則 (p.26) を用いずに証明せよ．

$$(P \cap Q)^c = P^c \cup Q^c, \qquad (P \cup Q)^c = P^c \cap Q^c$$

2.4　全体集合 $U = \{a, b, \ldots, z\}$(英小文字) とし，U の部分集合 X, Y, Z をそれぞれ単語 software, information, science に含まれる文字からなる集合とする．このとき，次の集合を外延的記法で表せ．

a) $X - Y$,　b) $Y \cap Z$,　c) $Z - (X \cup Y)$,
d) $X \cap Y \cap Z$,　e) $X^c \cap Y \cap Z^c$,　f) $X^c \cap (Y \cup Z)$

2.5 x, y の変域がともに $\{1, 2, 3, 4\}$ であるとき，以下の命題の真偽を理由とともに答えよ．

a) $\forall x \exists y : (xy > x + y)$,　b) $\exists x \forall y : (2xy > x + y)$

第 3 章
帰納的定義と証明技法

3.1 数学的帰納法

3.1.1 ペアノの公理

自然数 $0, 1, 2, 3, \ldots$ を形式的に定めたものに**ペアノの公理** (Peano's axioms) がある[1]．この公理にもとづきながら，すべての自然数に関する命題の証明法の 1 つが**数学的帰納法** (mathematical induction) である．

ペアノの公理では自然数全体の集合 $\mathbb{N}$ に含まれる数を次のように定めている．

定義 3.1 ペアノの公理 (Peano's axioms)

(i) $0 \in \mathbb{N}$

(ii) $x \in \mathbb{N} \Rightarrow S(x) \in \mathbb{N}$ $\cdots$ $S(x)$ は x の**後者** (successor)

(iii) $x \in \mathbb{N} \Rightarrow S(x) \neq 0$

(iv) $x, y \in \mathbb{N} : (S(x) = S(y)) \Rightarrow (x = y)$

(v) $\mathbb{N}$ の部分集合 M について，

$$[\underbrace{0 \in M}_{①} \wedge \underbrace{(x \in M \Rightarrow S(x) \in M)}_{②}] \Rightarrow (\mathbb{N} = M) \cdots$$ **数学的帰納法の公理**

ペアノの公理 (i)~(v) の意味は次のとおりである．

(i) 0 は自然数（$\mathbb{N}$ の要素）である．

(ii) 次図のように自然数 x の後者 $S(x)$ は自然数である（どの自然数にもその後者が存在し，それもまた自然数である）．このときの S は**後者関数** (suc-

[1] Giuseppe Peano (1858–1932) イタリアの数学者．

cessor function) とよばれる（☞例 6.2）．なお，x の後者を直後とよんだり，$S(x)$ の代わりに x' や $x+1$ と表すこともある．

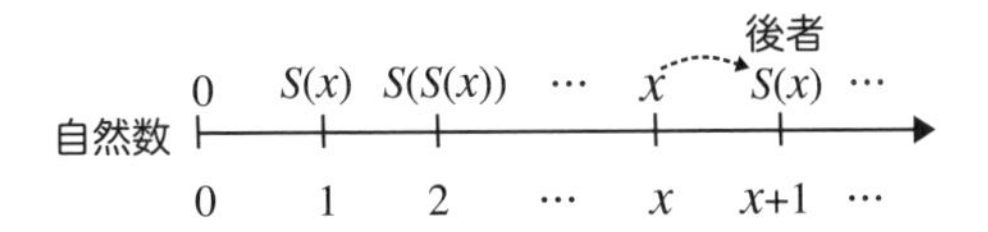

(iii) 自然数の後者は 0 ではない．このことは，0 が最小の自然数であることを表す．

(iv) もしも，2 つの自然数 x, y の後者が一致しているならば，それらは同じ数である．いいかえると，どの自然数についても，その後者は唯一であることを表す．後者関数は第 6 章で述べる「単射（1 対 1 対応）」の性質を満たしている [2]．

(v) $M \subset \mathbb{N}$ は，自然数 n についての述語を $P(n)$ とするとき，$M=\{x \mid x \in \mathbb{N}, P(x)\}$，すなわち，$M$ は真理集合 P_T（☞2.5 節）である [3]．そして，「$0 \in M$」と「$x \in M \Rightarrow S(x) \in M$)」は，それぞれ，次の ① と ② にあたる．

① 0 は $P(0)$ を満たす．

② x が $P(x)$ を満たすならば，x の後者 $S(x)$ は $P(S(x))$ を満たす．

この ① と ② がともに成り立つとき，すべての自然数 n について $P(n)$ が成り立つ，すなわち，$\forall n \in \mathbb{N}: P(n)$ は真である．

空集合と自然数

空集合 $\varnothing$ から次のようにして自然数 $0, 1, 2, 3, \ldots$ を構成することができる．$\varnothing$ を 0 とし，$\varnothing$ のみを含む集合 $\{\varnothing\}$ を 1 とする．次に，$\varnothing$ と $\{\varnothing\}$ を含む集合 $\{\varnothing, \{\varnothing\}\}$ を 2 とし，$\varnothing, \{\varnothing\}$ と $\{\varnothing, \{\varnothing\}\}$ を含む集合を 3 とする．このやり方を続けていけば，次のような全単射（☞6.2 節）が得られる

$$\begin{array}{ccccc} \varnothing & \{\varnothing\} & \{\varnothing,\{\varnothing\}\} & \{\varnothing,\{\varnothing\},\{\varnothing,\{\varnothing\}\}\} & \\ \updownarrow & \updownarrow & \updownarrow & \updownarrow & \cdots \\ 0 & 1 & 2 & 3 & \end{array}$$

---

[2] ここでの表現は単射の定義（☞6.2 節）の対偶にあたる．

[3] 本章では，自然数についての述語を表すのに P を用いる．

このとき，各集合に対応づけられている自然数は，その集合の濃度でもある．何一つ要素の無い空集合からスタートしたが，集合の概念を利用することにより，自然数の各要素を構成することができるのである．

3.1.2 数学的帰納法 I

ペアノの公理にもとづきながら，自然数についての命題 P を証明する**数学的帰納法** (mathematical induction) は次のようにまとめられる．

定義 3.2 数学的帰納法

次の 1) と 2) が成り立つとき，$\forall n \in \mathbb{N}: P(n)$ は真である．なお，以下では可読性を優先して，n の後者を $n+1$ と表すことにする．

1) $n = 0$ のとき, $P(0)$ が成り立つ
2) $n = k$ のとき，$P(k)$ を仮定（**帰納法の仮定**とよぶ）としたときに $P(k+1)$ が成り立つ

ここで，1) を帰納法の**基礎**あるいは**初期段階**とよび，2) を**帰納段階**とよぶ．

数学的帰納法には，以下に示すようにいくつかのバリエーションがあり，基本となるのが，次の数学的帰納法 I である．

【例 3.1】 数学的帰納法 I

すべての自然数 n について，

$$0 + 1 + 2 + \cdots + n = \frac{n(n+1)}{2} \qquad \cdots ①$$

が成り立つことは，次のように証明される．$P(n)$ がこの等式 ① にあたる．

1) 初期段階 $n = 0$ のとき，左辺 $=$ 右辺 $= 0$.

2) 帰納段階 $n = k$ のとき，$0 + 1 + 2 + \cdots + k = \dfrac{k(k+1)}{2}$ が真であると仮定する（帰納法の仮定）．
$n = k{+}1$ のとき，① の左辺は次のようになる．

$$
\begin{aligned}
&0 + 1 + 2 + \cdots + k + (k+1) \\
&\qquad = \frac{k(k+1)}{2} + (k+1) \cdots \text{帰納法の仮定より} \\
&\qquad = \frac{k(k+1) + 2(k+1)}{2} \\
&\qquad = \frac{(k+1)(k+2)}{2}
\end{aligned}
$$

一方，$n = k + 1$ のとき，① の 右辺 $= \dfrac{(k+1)(k+2)}{2}$ である．
よって，両辺は等しい．

問 3.1 任意の自然数 n に関する次の式を数学的帰納法によって証明せよ．

$$0 + 1^2 + 2^2 + \cdots + n^2 = n(n+1)(2n+1) \cdot \frac{1}{6}$$

3.1.3 数学的帰納法 II

もし，$m > 0$ 以上のすべての自然数について，$P(n)$ が真であることを証明するには，初期段階を変更した次の数学的帰納法 II を用いるとよい．この数学的帰納法 II は，$\{0, 1, 2, 3, \ldots\}$ と $\{m, m+1, m+2, m+3, \ldots\}$ が対等である（濃度が等しい）[4] ことから導かれる．

定義 3.3 数学的帰納法 II
次の 1) と 2) がともに成り立つならば，$\forall m, n \in \mathbb{N} : (n \geqq m$ かつ $P(n))$ は真である．

[4] 2 つの集合の間で全単射（☞6.2 節）が存在するとき，それらは対等であるという．

1) 初期段階　$n = m$ のとき，$P(m)$ が成り立つ．

2) 帰納段階　$n = k$ のとき，$P(k)$ が真であると仮定（帰納法の仮定）したとき，$n = k+1$ のときの $P(k+1)$ が真である．

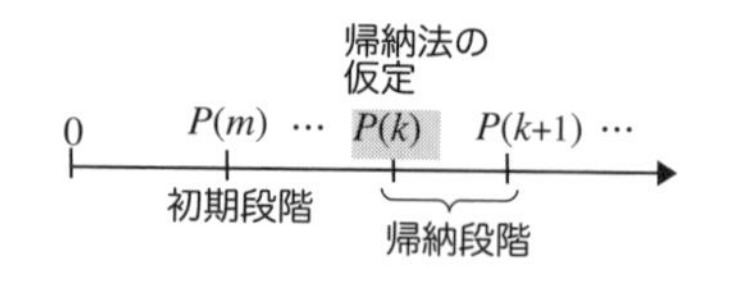

【例 3.2】 数学的帰納法 II

自然数 $n \geqq 4$ について，$2^n < n!$ であることの証明は次のようになる．

1) 初期段階　$n = 4$ のとき，$2^4 = 16$, $4! = 4 \times 3 \times 2 \times 1 = 24$. よって，$2^4 < 4!$.

2) 帰納段階　$n = k > 4$ のとき，$2^k < k!$ が真である（帰納法の仮定）と仮定する．

$$\begin{aligned} 2 \times 2^k &< 2 \times k! && \cdots \text{両辺に 2 を乗ずる.} \\ 2^{k+1} &< 2 \times k! \\ &< (k+1) \times k! && \cdots k > 4 \text{ なので} \\ &= (k+1)! \end{aligned}$$

よって，$n = k+1$ のもとで $2^n < n!$ が成り立つ．
以上のことから，自然数 $n \geqq 4$ について $2^n < n!$ である．

問 3.2　自然数 $n > 6$ について，$3^n < n!$ であることを証明せよ．

3.1.4 累積帰納法

数学的帰納法 I の帰納法の仮定が変更されたものが**累積帰納法**である．

定義 3.4　累積帰納法

次の 1) と 2) がともに成り立つならば，$\forall n \in \mathbb{N} : P(n)$ は真である．

1) 初期段階　$n = 0$ のとき，$P(0)$ が成り立つ．
2) 帰納段階　$1 \leqq k \leqq n$ について，$P(k)$ が真であると仮定したとき[5)]（帰納法の仮定），$n+1$ のときの $P(n+1)$ が真である．

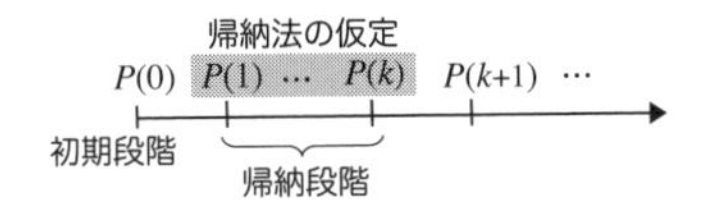

【例 3.3】 累積帰納法

4 円と 5 円の 2 種類の切手があれば，12 円以上の郵便料金が払えることは次のように証明される．

1) 初期段階　$n = 12, 13, 14, 15$ 円のとき，それぞれ，4 円切手 3 枚，4 円切手 2 枚と 5 円切手 1 枚，4 円切手 1 枚と 5 円切手 2 枚，5 円切手 3 枚で支払える．
2) 帰納段階　$12 \leqq k \leqq n$ のとき k 円 が支払える（帰納法の仮定）と仮定する．$15 \leqq n$ のとき，$n+1$ 円の郵便料金は，$n-3$ 円の郵便料金を構成したのち，それに 4 円の切手を加えると支払える．$n-3$ 円の郵便料金は帰納法の仮定より構成可能であり，よって，$n+1$ 円の郵便料金を支払える．

問 3.3　3 円と 5 円の切手が（何枚も）ある．この 2 種類の切手を用いれば，8 円以上のすべての郵便料金を払えることを証明せよ．

---

5)「$P(1) \wedge P(2) \wedge \cdots \wedge P(k)$ が真である」とする書もある．

3.2 構造帰納法

3.2.1 構造の帰納的定義

前節までの数学的帰納法は，自然数の集合に関する命題を対象としていたが，本節では，文字列やリスト，木構造などのように帰納的に定義される集合に関する命題についても適用できることを示す．ここで，帰納的に定義される集合 S_{rec} もまた，次のように，初期段階，帰納段階，帰納法の仮定をもとに構成される．以下，この形式による帰納的定義を**構造に関する帰納的定義**，あるいは（混乱が生じない限り）単に**帰納的定義**とよぶことにする．

定義 3.5　構造に関する帰納的定義（帰納的定義）

1) 初期段階
   S_{rec} に含まれる基本的要素（無条件に含まれる要素）を定める．
2) 帰納段階
   帰納法の仮定を満たす要素 s が，S_{rec} に含まれる条件を定める．

このような帰納的定義は，表現法は異なるが，すでに第1章の定義 1.1 において，論理式を定義するために用いられている．次に示すのは，その定義 1.1 を帰納的定義によって書き直した例である．

【例 3.4】 構造に関する帰納的定義（論理式）

論理式の集合を L_{exp} としたとき，L_{exp} に含まれる要素を次のように定める．

1) 初期段階　命題を表す文字は，L_{exp} の要素（論理式）である．
2) 帰納段階　p と q が L_{exp} の要素（論理式）と仮定（帰納法の仮定）したとき，$(\neg p), (p \wedge q), (p \vee q), (p \Rightarrow q), (p \Leftrightarrow q)$ は L_{exp} の要素（論理式）である．

この定義のもとでも，例 1.3 と同様に，r, s を命題とするとき，r, $(\neg r)$, $(r \wedge s)$, $((\neg r) \wedge s)$ などは L_{exp} の要素である．

問 3.4 例 3.4 と同様にして，実数に対する四則演算 $(+, -, *, /)$ からなる算術式の集合 A_{exp} の帰納的定義を作りなさい．たとえば，3.14, (10−2), ((98+58)∗1.1), ((10+5)/(10−5)) などは A_{exp} の要素である．

なお，「実数」の帰納的定義は不要とし，初期段階において「実数は A_{exp} の要素である．」とせよ．

プログラミングにおけるデータ構造の 1 つに**リスト** (list) がある．これは次のように帰納的に定義することができる[6]．

【例 3.5】 構造に関する帰納的定義（リスト）

リストの集合を L_p とし，L_p に含まれる要素を次のように定める．

1) 初期段階　自然数と空リスト () は，L_p の要素（リスト）である．
2) 帰納段階　x と y が L_p の要素（リスト）と仮定（帰納法の仮定）したとき，$(x\ .\ y)$ は L_p の要素（リスト）である．

L_p には，1，2，2020，(1 . 2)，(1 . (2 . ()))，((1 . 2) . (3 . 4)) などが含まれる．

リストの図表限

プログラミング言語 Lisp や Scheme では，例 3.5 で定義されたリストを次図のように表すことがある．このとき，$(x\ .\ y)$ ごとに**セル** (cell) とよばれる 1 つの箱が設けられ，セルの前部と後部を歴史的な背景から，それぞれ car（カー）と cdr（クダー）とよぶ．そのため，(1 . 2)，(1 . (2 . ()))，((1 . 2) . (3 . 4)) は，それぞれ次図のように描かれる．ここで，空リスト () は図中斜線で表される．また，cdr が空リストである場合，たとえば，(1 . (2 . ())) を単に (1 2) と略記することもある．これによれば，(1 . (2 . (3 . (4 . ())))) は (1 2 3 4) と表される．

このようなセルからなるデータ構造は，リスト以外にも帰納的に定義される構造（論理式，算術式，グラフなど）をプログラムとして表現するために

6) この定義は，Lisp や Scheme におけるリスト構造をもとにしている．

用いられる.

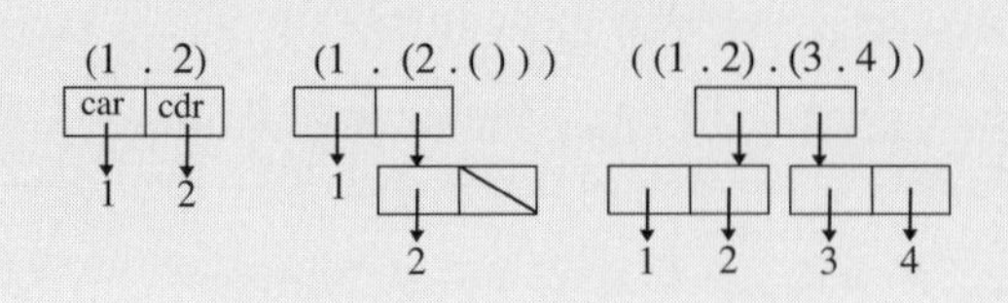

問 3.5　次の条件を満たす集合の帰納的定義を示せ.

a) 4 の倍数の正整数,　　b) 3 で割り切れない正整数

3.2.2 構造帰納法

帰納的に定義された集合に関する命題についての数学的証明法は, **構造帰納法** (structured induction) とよばれる.

【例 3.6】 構造帰納法（論理式の括弧の数）

例 3.4 の定義にあてはまる論理式では, 左右の括弧「( )」の数が同じであることが, 次のようにして示される.

1) <u>初期段階</u>　命題を表す文字の場合は括弧の数は 0 である（左右の括弧が 0 で同数).
2) <u>帰納段階</u>　p が論理式で左括弧の数 p_l と右括弧の数 p_r が同じ $p_l=p_r$ であり, 同様に q が論理式で左右の括弧の数が同じ $q_l=q_r$ であると仮定する. このとき, $(\neg p)$ の左右の括弧の数は $p_l+1=p_r+1$ で同じである. $(p \wedge q)$ の左右の括弧の数は $p_l+q_l+1=p_r+q_r+1$ で同じである. 同様に, $(p \vee q)$, $(p \Rightarrow q)$, $(p \Leftrightarrow q)$ もまた左右の括弧の数は $p_l+q_l+1=p_r+q_r+1$ で同じである.

問 3.6　問 3.4 で定められた算術式では, 左右の括弧「( )」の数が同じであることを示せ.

3.3 文字列に関する構造帰納法

3.3.1 文字列の帰納的定義

コンピュータによる代表的な処理の1つが，ファイルからの入出力やデータ通信などにおける文字列処理である．このときの文字列を，たとえば，「有限個の記号の列（並び）」と単純化して言い表すことができるが，これだけでは，記号として許される文字種が不明であったり，記号を並べるときの条件や先頭（あるいは末尾）の文字として使える文字の条件が定かではない．文字列を形式的に定めるためには，次の定義 3.6 と定義 3.7 による帰納的定義が有効である．これにより，文字列にあたるものとそうでないものの区別が明確になる．さらに，帰納的に定義された文字列に対する処理もまた帰納的に定めることができる[7)]．

定義 3.6 文字列の連結

文字列 abc と def をつなげた abcdef を文字列の**連結** (concatenation) とよび，一般的には，$v, w \in \Sigma^*$ の連結を $v \cdot w$ または単に vw と表す．ただし，空列 λ と文字列 v との連結 $\lambda \cdot v$ および $v \cdot \lambda$ は v とする．

さらに，文字列 v の $n \geqq 0$ 回の繰り返しを，一般的には，v^n と表す．ただし，$v^0 = \lambda$ とする．

定義 3.7 Σ 上の文字列集合

文字の集合を Σ とするとき，次のように帰納的に定義されるものの集まりを Σ 上の文字列の集合 Σ^* とする．

1) <u>初期段階</u>

空列 λ は Σ^* の要素である（空列は文字をまったく含まない）．

2) <u>帰納段階</u>

7) この時の帰納的に定められる処理のことを，プログラミングの用語では**再帰処理**とよぶことが多い．

w が Σ^* の要素であり，x が Σ の要素であるとき（帰納法の仮定），wx は Σ^* の要素である．

たとえば，$\Sigma = \{\mathrm{a, b, c, \ldots, z}\}$ であるとき，Σ^* の要素に含まれるのは，「λ, a, b, ab, aab, abc」などである．これに対して，「A, ABC, a01」などは含まれない（大文字や数字は Σ に含まれていないため）．

【例 3.7】 文字列の連結

$\Sigma = \{$a, b, c, ..., x, y, z, @, -, .$\}$ とするとき，「xxxx，@yy，.ac.jp」は Σ^* の要素であり，これらの連結は，「xxxx@yy.ac.jp」になる．

また，文字列「xxxx」は，4 個の「x」，あるいは，2 つの「xx」の連結とみることができ，それぞれを x^4，$(\mathrm{xx})^2$ と表せる．

問 3.7　Σ 上の文字列の集合 Σ^* の要素 w を反転した（逆順に並べた）文字列を w^{-1} と表すとき，w^{-1} にあてはまる文字列を帰納的に定義しなさい．たとえば，$(\mathrm{comp})^{-1} = \mathrm{pmoc}$，$(\mathrm{apple})^{-1} = \mathrm{elppa}$ であり，$\lambda^{-1} = \lambda$ とする．

【例 3.8】 帰納的定義（名前）

先頭文字が英字で，そのあと有限個（0 個でもよい）の英字と数字が並んだ文字列を名前とすることは，次のように帰納的に定義される．ここで，名前の集合を ID，数字の集合を NB，英字の集合を EG とする．

(1) 初期段階　NB を $\{0, 1, 2, \ldots, 9\}$，EG を $\{\mathrm{a,b,\ldots,z}\}$ とする．

(2) 帰納段階　n が NB の要素，e が EG の要素，id が ID の要素と仮定（帰納法の仮定）したとき，e, $id\ e, id\ n$ は，いずれも ID の要素である．

BNF

プログラミング言語の構文規則を定める表現法の一つに **BNF**(Backus Naur

Form) がある．これを用いれば，例 3.8 は次のように表される．

```
<数字> ::= 0|1|2|3|4|5|6|7|8|9
<英字> ::= a|b|c|d| ・・・ |x|y|z
<名前> ::= <英字> | <名前><英字> | <名前><数字>
```

ここで，<○> は「構文要素」を表し，::= は，「左辺の構文要素を右辺で定める」ことを表し，| は「または」を表す．

そのため，たとえば，上記 1 行目は，「数字は，0 または 1 または … または 9 である」を表す．そして，上記 3 行目では，名前にあたるのが，

- 1 文字の英字
- 名前のあとに，1 文字の英字が続いたもの
- 名前のあとに，1 文字の数字が続いたもの

のいずれかであることを定めている．具体的には，「a, var, tmp, x0, x1, x2」などは名前である．しかしながら，「123, X0, Max」などは，この構文規則の名前にはあたらない [8]．

問 3.8 自然数 $0, 1, 2, 3, \ldots$ を BNF 記法で表せ．なお，001, 032 などは自然数ではない．

3.3.2 文字列に対する処理

帰納的に定義された文字列に対する処理もまた帰納的に定めることができる．

【例 3.9】 文字列の長さ

Σ 上の文字列 w に含まれる文字数を**文字列の長さ** (length) といい，$l(w)$ で表す．この $l(w)$ は次のように帰納的に定義される．

1) 初期段階 $l(\lambda) = 0$.
2) 帰納段階 $w \in \Sigma^*$ かつ $x \in \Sigma$ であれば，$l(wx) = l(w) + 1$.

---

[8] 数字で始まっていたり，英大文字が含まれているため．

問 3.9　Σ 上の文字列 v, w について，$l(vw) = l(v) + l(w)$ が成り立つことを示せ．

3.4　対　偶

「仮定 p が成り立つならば結論 q が成り立つ」，すなわち，$p \Rightarrow q$ に対して $q \Rightarrow p$ を**逆**とよぶことは 1.3.2 項で述べたが，$\neg q \Rightarrow \neg p$ を $p \Rightarrow q$ の**対偶** (contrapositive) という．両者には次の関係が成り立つ．

$$
\begin{aligned}
p \Rightarrow q &\Leftrightarrow \neg p \vee q \\
&\Leftrightarrow q \vee \neg p \\
&\Leftrightarrow \neg(\neg q) \vee \neg p \\
&\Leftrightarrow \neg q \Rightarrow \neg p
\end{aligned}
$$

このことから，$p \Rightarrow q$ と $\neg q \Rightarrow \neg p$ が同値であることがわかる．すなわち，

$$
(p \Rightarrow q) \Leftrightarrow (\neg q \Rightarrow \neg p).
$$

したがって，$p \Rightarrow q$ を証明するために，その対偶である $\neg q \Rightarrow \neg p$ を証明してもよい．

【例 3.10】 対偶による証明

命題「n^3 が 3 の倍数でなければ，n は 3 の倍数でない」を証明するのに, この命題の対偶「n が 3 の倍数ならば，n^3 が 3 の倍数である」を考える．「n が 3 の倍数」であるとき，整数 m によって $n = 3m$ と表すことができ，$n^3 = 27m^3 = 3 \cdot 9m^3$ より，n^3 が 3 の倍数であることがわかる．

よって，命題「n^3 が 3 の倍数でなければ，n は 3 の倍数でない」は真である．

問 3.10　整数 n について，$5n - 7$ が偶数ならば，n は奇数であることを証明せよ．

問 3.11 「犯人（容疑者）ならば，○月×日△時に犯行現場にいた」の対偶を答えよ．

3.5 背理法

ある命題 p が与えられたときに，$\neg p$ を仮定して推論を進めた結果，矛盾[9]が生じるならば，仮定 $(\neg p)$ が誤りであるとして「p は真である」と結論する証明法が，**背理法** (proofs by contradiction) である．

証明すべき命題が $q \Rightarrow r$ であるときには，$q \Rightarrow r$ の否定が，

$$\neg(q \Rightarrow r) \Leftrightarrow \neg(\neg q \vee r) \Leftrightarrow q \wedge \neg r$$

であることから，q と $\neg r$ が同時に成り立つと仮定し推論をして，矛盾が導かれれば，「$q \Rightarrow r$ は真である」ことが証明できる．

このように背理法は，「p が真である」ことと「p が偽である」ことは同時に成り立たず，「p が真である」または「p が偽である」のどちらか一方が成り立つという，**排中律**「$p \wedge \neg p \Leftrightarrow \mathsf{F}$, $p \vee \neg p \Leftrightarrow \mathsf{T}$」（☞1.3 節）に基づいている[10]．

【例 3.11】 素数は無限にある

証明すべき命題は「素数は無限にある」であり，その否定を仮定とする．

仮定：素数は無限にはない（有限個である）．

素数が有限個（n 個）であれば，すべての素数を小さい順に並べた列を作ることができる．

$$x_1, x_2, x_3, \ldots, x_n = 2, 3, 5, \ldots, x_n$$

これらすべての素数の積に 1 を加えた次の数 y を作る．

$$y = x_1 \times x_2 \times x_3 \times \ldots \times x_n + 1$$

---

9) ある論理式 c について，c と $\neg c$ が同時に成り立つとき，矛盾であるという．

10) 排中律が成り立たないとする論理体系は，**直観主義論理**とよばれており，この理論体系のもとでは背理法を用いることはできない．

　この y は，その素数 x_k で割ると余りが1になる $(k = 1, 2, 3, \ldots, n)$.

　すなわち，y と1以外に約数をもたないことになる．つまり，y は $n+1$ 番目の素数になり，素数は n 個しかないという仮定と矛盾する．

　よって，素数は無限に存在する．

問 3.12　「$\sqrt{2}$ が有理数ではない（無理数）である」ことを背理法を用いて証明せよ．

章末問題

3.1　集合 A の濃度が m であるとき，$\mathcal{P}(A)$ の濃度は 2^m であることを，数学的帰納法を用いて証明せよ．

3.2　自然数 $n > 0$ について，$n^3 + 2n$ は3で割り切れることを証明せよ．

3.3　整数 n について，n^2 が偶数である必要十分条件は，n が偶数であることを証明せよ．

3.4　奇数は3つの偶数の和によって表すことができないことを証明せよ．

3.5　自然数 $n \geqq 2$ は，素数あるいは素数の積である (整数論の基本定理) ことを証明せよ．

3.6　自然数 $n > 4$ について，$2^n > n^2$ であることを証明せよ．

3.7　文字の集合 $\Sigma = \{$a, b, c,…, z$\}$ 上の文字列のうちで，**回文** (palindrome) にあてはまる文字列の集合 D を帰納的に定義せよ．回文は，たとえば「きつつき」のように左右どちらから読んでも同じになる文字列のことである．なお，ここでは長さ（文字数）が偶数個の文字列 (0, 2, 4, 6, $\cdots$) のみを D の要素とする．

3.8 例 3.4 の定義にあてはまる論理式では,「括弧の組の数」と「論理結合子 ($\neg$, $\wedge$, $\vee$, $\Rightarrow$, $\Leftrightarrow$) の数」が同じであることを示せ．たとえば，$(\neg(p \wedge q))$ では，括弧の組が 2 個，論理結合子の数が 2 個で同じである．

第 4 章
数え上げの基礎

4.1　和と積の法則

「サイコロを投げる」,「ジャンケンをする」などのように，何回も繰り返すことができ，毎回の結果が偶然に支配されるような行為を**試行** (experiment) といい，ある試行の結果として起こることがらを**事象** (event) という.

【例 4.1】 試行と事象

「1 個のサイコロを投げる」ことは試行であり，その結果として「偶数の目が出る」ことは事象である．この「偶数の目がでる」という事象には,「2 の目，4 の目，6 の目」の 3 通りの起こり方がありえる．このうち,「2 の目が出る」のようにこれ以上分けることのできない試行結果を**根元事象**とよび，根元事象の集まりを事象とよぶ．これにより,「偶数の目が出る」は，3 種類の根元事象「2 の目が出る」,「4 の目が出る」,「6 の目が出る」が集まった事象に相当する.

いま，2 つの事象 E と F があり，それぞれには m 通りと n 通りの起こり方があるとする．これら 2 つの事象が同時には起こらない（どちらか一方だけが起こる), すなわち,「E または F」の起こり方は $m+n$ 通りある．一方，2 つの事象 E と F が同時に起こる，すなわち,「E かつ F」の起こり方は $m \times n$ 通りある.

これらのことは，一般的には，和と積の法則として知られている.

全部で k 個の事象 $X_1, X_2, \ldots, X_k$ があり，各事象 X_i には m_i 通りの起こり方があるとき，次の法則が成り立つ ($1 \leqq i \leqq k$).

- **和の法則** (rule of sum) 「X_1 または X_2 または $\cdots$ または X_k」

$$m_1 + m_2 + \cdots + m_k \text{ 通り}$$

- **積の法則** (rule of product) 「X_1 かつ X_2 かつ $\cdots$ かつ X_k」

$$m_1 \times m_2 \times \cdots \times m_k \text{ 通り}$$

【例 4.2】 和と積の法則

ある大学の研究室に4年生が8名，3年生が10名いる．これらの学生の中から代表者を1名だけ選ぶ場合，和の法則により $8 + 10 = 18$ 通りの選び方ある．

また，代表者を各学年から1名ずつを選ぶ場合は，積の法則により $8 \times 10 = 80$ 通りの選び方がある．

問 4.1 盛岡から東京への行き方が2通り（新幹線，高速バス）あり，東京から名古屋までの行き方が2通り（新幹線，高速バス）ある．さらに，盛岡から名古屋への直行便（飛行機）が利用できるものとする．このとき，盛岡から名古屋までの行き方は全部で何通りあるのか答えよ．

4.2 順 列

4.2.1 順列（重複なし）

複数個の要素を一列に並べたものを**順列** (permutation) という．たとえば，下図のように3枚のカード A,B C を左から右へ並べるときに，先頭（左端）のカードは3通り，その次の2番目には2通り（残り2枚），そして，末尾（右

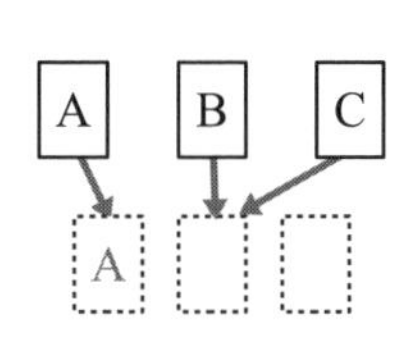

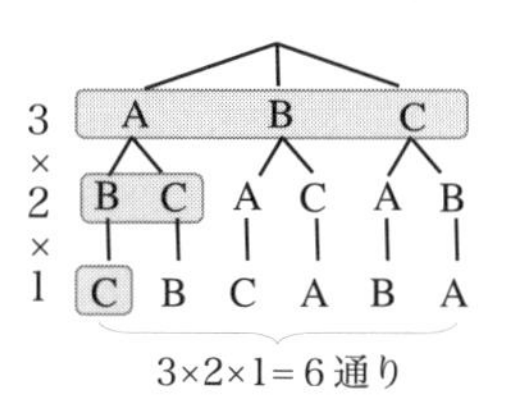

端）は 1 通り（残り 1 枚）の候補がそれぞれある．したがって，順列の総数は数え上げの積の法則より，$3\times2\times1=6$ である．

一般的には次の公式が成り立つ．

n 個の要素の中から r 個 $(r\leqq n)$ を取り出してできる**順列**の総数を $_n\mathrm{P}_r$ と表す．

$$_n\mathrm{P}_r = n(n-1)(n-2)\cdots(n-r+1) = \frac{n!}{(n-r)!}$$

ここで，！は**階乗** (factorial) を表し，自然数 n に対して，$n! = n\times(n-1)\times\cdots\times 1$ である．

【**例 4.3**】4 桁の暗証番号

4 桁の数字（0〜9 の 10 種類）によって暗証番号を作る．ただし，すべて異なる数字を用いることとする．このとき，暗証番号の総数は次のようになる．

$$_{10}\mathrm{P}_4 = \frac{10!}{(10-4)!} = \frac{10\times9\times8\times7\times\cancel{6\times5\times\cdots\times1}}{\cancel{6\times5\times\cdots\times1}} = 5040$$

問 4.2　英文字 a, b, ..., z の中から異なる文字を 4 つ選び文字列（文字数 4）を作るとき，文字列の総数を答えよ．

4.2.2 重複順列と円順列

n 個のものから r 個を用いて順列を作るとき，同じものを何回用いてもよい場合を**重複順列** (permutations with repetition) という．重複順列は，一度選んだ要素をもとに戻しながらの順列であり，次図の左のように常に 3 個の中から選択されるため，その総数は「3^3」である．一般的には，重複順列の総数は「n^r」で求められる．

また，n 個のものを円状に並べる場合を**円順列**という．円順列では「先頭（左端)」といった概念はないため，下図の右のように，1 つの要素を固定したときの残り 3 個の順列を考えればよく，一般的には，円順列の総数は「$(n-1)!$」で求められる．

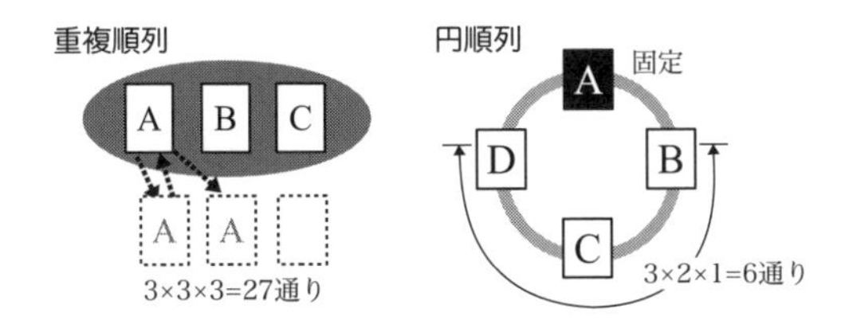

【例 4.4】 重複のある文字列

4 種類の文字 a, b, c, d の中から 2 文字を使って文字列を作るとき，同じ文字を選んでもよい場合の文字列の総数は，$4^2 = 16$ である．

これに対して，異なる 2 文字で文字列を作るときの総数は，${}_4P_2 = \dfrac{4!}{(4-2)!} = 12$ である．

問 4.3　5 種類の文字 a, b, c, d, e を使ってできる文字数 3 以上 5 以下の文字列の総数を答えよ．ただし，文字列には同じ文字を何個も含めてよいものとする．

4.3 置　換

3 つの文字 a, b, c を，たとえば，「a を b に，b を c に，c を a に，それぞれ置きかえる」ことを次のように表すことにする．

$$\sigma = \begin{pmatrix} a & b & c \\ b & c & a \end{pmatrix} \quad \text{あるいは} \quad \begin{pmatrix} a & b & c \\ \sigma(a) & \sigma(b) & \sigma(c) \end{pmatrix}$$

この σ を**置換** (permutation) という．3 つの文字の場合，下段の 3 つの文字の並べ方は 3! 通りある．一般的に n 個の要素の場合，置換は $n!$ 通りある．このように置換と順列は同一視できる．

各列の上段と下段が異なる要素になっている，すなわち，$x \neq \sigma(x)$ である置換を**乱列** (derangement) という．上の σ は乱列である．特に，n=2 の乱列は**互換** (transposition) という.

3つの要素 x_1, x_2, x_3 についての2つの置換 σ_1, σ_2 の**合成**（**積**ともいう）$\sigma_2 \cdot \sigma_1$（あるいは単に $\sigma_2\sigma_1$）を次のように定める.

$$\sigma_1 = \begin{pmatrix} x_1 & x_2 & x_3 \\ \sigma_1(x_1) & \sigma_1(x_2) & \sigma_1(x_3) \end{pmatrix}, \quad \sigma_2 = \begin{pmatrix} x_1 & x_2 & x_3 \\ \sigma_2(x_1) & \sigma_2(x_2) & \sigma_2(x_3) \end{pmatrix}$$

のとき,

$$\sigma_2 \cdot \sigma_1 = \begin{pmatrix} x_1 & x_2 & x_3 \\ \sigma_2(\sigma_1(x_1)) & \sigma_2(\sigma_1(x_2)) & \sigma_2(\sigma_1(x_3)) \end{pmatrix}.$$

積 $\sigma_2\sigma_1$ では, 先に σ_1 から適用する. たとえば, 要素 x_1 は $\sigma_1(x_1)$ によって $y \in \{x_1, x_2, x_3\}$ に置換されたのち, $\sigma_2(y)$ に置換される.

【例 4.5】 置換の積

$\sigma_1 = \begin{pmatrix} 1 & 2 & 3 \\ 2 & 3 & 1 \end{pmatrix}$ と $\sigma_2 = \begin{pmatrix} 1 & 2 & 3 \\ 3 & 2 & 1 \end{pmatrix}$ について, 合成 $\sigma_2 \cdot \sigma_1$ は, 次式となる.

$$\sigma_2 \cdot \sigma_1 = \begin{pmatrix} 1 & 2 & 3 \\ 3 & 2 & 1 \end{pmatrix} \begin{pmatrix} 1 & 2 & 3 \\ 2 & 3 & 1 \end{pmatrix} = \begin{pmatrix} 1 & 2 & 3 \\ 2 & 1 & 3 \end{pmatrix}$$

1は, $\sigma_1(1)$ で2に置換されたのち, $\sigma_2(2)$ より, 2に置換される. 同様に, 2は, $\sigma_1(2)$ で3に置換されたのち, $\sigma_2(3)$ より, 1に置換される. そして, 3は, $\sigma_1(3)$ で1に置換されたのち, $\sigma_2(1)$ より, 3に置換される.

互換とあみだくじ

一般に, 任意の置換は互換の複数個の積で表すことができる. この互換は2つの要素の入れ換えにあたることから, 互換の積による置換は次のようにして「あみだくじ」に対応づけられる. たとえば, 例4.5の置換 σ_1 は次の2つの互換の積で表される.

$$\sigma_1 = \begin{pmatrix} 1 & 2 & 3 \\ 2 & 3 & 1 \end{pmatrix} = \begin{pmatrix} 1 & 2 \\ 2 & 1 \end{pmatrix} \begin{pmatrix} 2 & 3 \\ 3 & 2 \end{pmatrix}$$

右側の互換から順に，前図のようにあみだくじの上から順に横線を描く．これにより置換が表現される．

問 4.4 例 4.5 の σ_1, σ_2 について，積 $\sigma_1 \cdot \sigma_2$ を求めなさい．また，$\sigma_1 \cdot \sigma_2$ を互換の積で表せ．

4.4 組合せ

n 個の要素の中から r 個 $(r \leqq n)$ を取り出して一組にしたものを**組合せ** (combination) といい，このときの組合せの総数は，${}_n\mathrm{C}_r$ として表される．

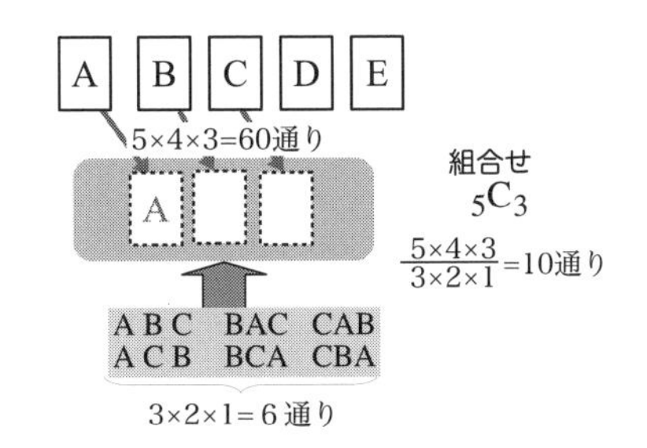

上図のように A,B,C,D,E の中から 3 つを選ぶ場合，最初に 5 つの中から，次に（残りの）4 つの中から，最後に（残りの）3 つの中からそれぞれ選ぶため，その総数は 5×4×3= 60 である．ただし，選ばれた 3 つ（図中，A，B，C）は，1 番目，2 番目，3 番目と順番づけられており，その総数は $3 \times 2 \times 1 = 6$ である．そのため，5 つの中から 3 つを選ぶ組合せの総数 ${}_5\mathrm{C}_3$ は，次式となる．

$${}_5\mathrm{C}_3 = \frac{5 \times 4 \times 3}{3 \times 2 \times 1} = 10$$

一般的には次の公式が成り立つ．

n 個の要素の中から r 個 $(r \leqq n)$ を取り出して一組にしたものを**組合せ**といい，組合せの総数を $\boldsymbol{{}_n\mathrm{C}_r}$ と表す．${}_n\mathrm{C}_r$ と ${}_n\mathrm{P}_r$ の間には次の関係が成り立つ．

$$ {}_n\mathrm{C}_r = \frac{{}_n\mathrm{P}_r}{r!} = \frac{n!}{r!(n-r)!} \qquad \text{ただし，} {}_n\mathrm{C}_0 = 1 $$

順列と組合せ

n 個の中から r 個選んでできる順列の総数 ${}_n\mathrm{P}_r$ は，

$$ \underbrace{n\text{ 個の要素の中から } r \text{ 個を選んだ}}_{{}_n\mathrm{C}_r}\text{のち，}\underbrace{r\text{ 個を並べたときの順列の総数}}_{{}_r\mathrm{P}_r = r!} $$

であるため，次式が成り立つ．

$$ {}_n\mathrm{P}_r = {}_n\mathrm{C}_r \times {}_r\mathrm{P}_r = {}_n\mathrm{C}_r \times r! $$

これにより，${}_n\mathrm{C}_r = \dfrac{{}_n\mathrm{P}_r}{r!}$ が成り立つ．

また，組合せでは，組の中での並び方は問わない．そのため，組合せ ${}_n\mathrm{C}_r$ は，「n 個の要素からなる集合 V の部分集合のうち，要素数が r 個の部分集合の総数」にあたる．たとえば，集合が $V = \{a, b, c\}$ のとき，要素数が 2 個の部分集合は，$\{\{a, b\}, \{a, c\}, \{b, c\}\}$ であり，その総数は，${}_3\mathrm{C}_2 = 3$ と等しい．一般的に，集合 V の部分集合で，要素数が n の部分集合全体を $\dbinom{V}{n}$ と表す．すなわち，

$$ V = \{a, b, c\} \text{ のとき，} \quad \binom{V}{2} = \{\{a, b\}, \{a, c\}, \{b, c\}\}. $$

なお，組合せ ${}_n\mathrm{C}_r$ の別記法として，$\dbinom{n}{r}$ が用いられることもある．

【例 4.6】 ポーカー

トランプ遊びの一種であるポーカーのように，52 枚のカードの中から 5 枚が手札として配られるときの組合せの総数は，次式で求められる．

$$ {}_{52}\mathrm{C}_5 = \frac{52!}{5!(52-5)!} = \frac{52!}{5! \times 47!} = \frac{52 \times 51 \times \cdots \times 48}{5!} = 2598960 $$

問 4.5　次式が成り立つことを示せ.

$$_n\mathrm{C}_r = {}_n\mathrm{C}_{n-r} \qquad (0 \leqq r \leqq n)$$

4.5　2 項定理

2 つの項の和 $(a+b)$ の 3 乗を展開すると次のような式が得られる.

$$\begin{aligned}(a+b)^3 &= aaa + aab + aba + abb + baa + bab + bba + bbb \\ &= 1a^3b^0 + 3a^2b^1 + 3a^1b^2 + 1a^0b^3\end{aligned}$$

左辺 $(a+b)^3$ の展開式の各係数 1,3,3,1 は次のようなものであると考えられる.

$(a+b)^3$ の展開式の係数は，a, b の中から a または b を選ぶことを 3 回繰り返すときの組合せ数に相当し，次の 4 種類が考えられる.

- a を 3 回，b を 0 回—全部で 1 通り (aaa)
- a を 2 回，b を 1 回—全部で 3 通り (aab, aba, baa)
- a を 1 回，b を 2 回—全部で 3 通り (abb, bab, bba)
- a を 0 回，b を 3 回—全部で 1 通り (bbb)

このときの係数 1,3,3,1 は，「3 つの (a+b) から b を r 個 (0〜3) 選ぶ」ときの組合せ数 $_3\mathrm{C}_r$ と等しい.

定理 4.1　2 項定理 (binominal theorem)

一般に n が正整数のとき，$(a+b)^n$ を展開した式は次式となる.

$$\begin{aligned}(a+b)^n &= \sum_{r=0}^{n} {}_n\mathrm{C}_r a^{n-r} b^r \\ &= {}_n\mathrm{C}_0 a^n + {}_n\mathrm{C}_1 a^{n-1} b + \cdots + {}_n\mathrm{C}_r a^{n-r} b^r + \cdots + {}_n\mathrm{C}_{n-1} a b^{n-1} \\ &\quad + {}_n\mathrm{C}_n b^n\end{aligned}$$

この展開式は，次のようにも表現され，$a^{n-r}b^r$ の係数 $_n\mathrm{C}_r$ は **2 項係数**

(binominal coefficients) とよばれる．

この2項定理は，「二つの選択肢から一つを選ぶ」ときの組合せを考えるときに有効である．たとえば，「コインの表・裏」，「ある要素を選ぶ・選ばない」などである．

パスカルの三角形

n を自然数として，$(a+b)^n$ の展開式を整理すると次のようになる．

$$
\begin{aligned}
(a+b)^0 &= 1 \\
(a+b)^1 &= a+b \\
(a+b)^2 &= a^2+2ab+b^2 \\
(a+b)^3 &= a^3+3a^2b+3ab^2+b^3 \\
(a+b)^4 &= a^4+4a^3b+6a^2b^2+4ab^3+b^4 \\
&\vdots
\end{aligned}
$$

このときの右辺の係数だけを並べると次のような三角形ができる．この三角形は**パスカルの三角形**[1](Pascal's triangle) とよばれている．

$$
\begin{array}{ccccccccc}
 & & & & 1 & & & & \\
 & & & 1 & & 1 & & & \\
 & & 1 & & 2 & & 1 & & \\
 & 1 & & 3 & & 3 & & 1 & \\
1 & & 4 & & 6 & & 4 & & 1 \\
 & & & & \vdots & & & &
\end{array}
$$

【例 4.7】 2項定理

ある食堂の定食に「定食Aと定食B」の2種類があり，10人のうち6名が定食Bを選ぶ場合の組合せ数は，$(\mathrm{A}+\mathrm{B})^{10}$ を展開したときの項 $\mathrm{A}^{(10-6)}\mathrm{B}^6$ の係数にあたり，2項定理より，${}_{10}\mathrm{C}_6 = \dfrac{10!}{6!(10-6)!} = 210$ である．

---

[1] Blaise Pascal (1623–1662)　フランスの数学者・物理学者・哲学者．

問 4.6　「○または×」で解答する 8 問のクイズのうち，×が正解なのが 3 問ある場合，その組合せ数を答えよ．

問 4.7　パスカルの三角形の各係数は，その係数の直近の左上と右上の 2 つの係数の和になっている．たとえば，4 段目の 3 番目の係数 6 は，3 段目の 2 番目と 3 番目の和になっている．

このことは，一般的には次式が成り立つことと等しい．

$$ {}_{n+1}\mathrm{C}_r = {}_n\mathrm{C}_{r-1} + {}_n\mathrm{C}_r, \qquad {}_n\mathrm{C}_r = {}_{n-1}\mathrm{C}_{r-1} + {}_{n-1}\mathrm{C}_r $$

それぞれが成り立つことを証明せよ．

4.6　鳩の巣原理

これまで，n 個の中から r $(n \geqq r)$ 個を選ぶことを考えてきたが，$n < r$ の場合に関連する原理がある．

定理 4.2　鳩の巣原理 **(Pigeon Hole Principle)**

n 個の巣の中に，$n+1$ 羽以上の鳩が入っているとき，少なくとも 1 個の巣の中には 2 羽以上の鳩が入っている．

この原理は，**下駄箱論法** (shoe box argument)，あるいは，**ディリクレの引き出し原理** (Dirichlet drawer principle) としても知られている．$n < r$ の場合として，想定されるのは，たとえば，3 個のバッグに 5 個の荷物を入れる，あるいは，交差点を通過する 10 台の車の進む方向（左折，右折，直進）などである．ここでは，組合せの観点から鳩の巣原理を取り上げたが，鳩の巣原理は証明技法の一つとしても活用される [2]．

---

[2] 詳しくは[7], [8] などを参照．

【例 4.8】 鳩の巣原理

ある大学の研究室に13人の学生がいたとき，同じ月に生まれている学生は少なくとも2人いる．

問 4.8　3個のバッグに5個の荷物を入れる場合，複数個の荷物が入っているバッグは何個あるのだろうか．

また，交差点を10台の車が通過する場合，同じ方向（左折，右折，直進）に進んだ車は少なくとも何台あるのだろうか．

4.7　包含と排除の原理

2つの集合 A, B の個数について次式が成り立つ．

$$|A \cup B| = |A| + |B| - |A \cap B|$$

A と B の和集合の要素数は，A と B の要素数を合計した数（包含）から，重複している（2重に数えられている）要素数 $A \cap B$ を引いた数（排除）と同じである．このことは，n 個の集合の間にも成り立つことであり，**包含と排除の原理** (Inclusion-Exclusion Principle)，あるいは略して**包除**（ほうじょ）**原理**とよばれる[3)]．

【例 4.9】 包除原理

1000以下の正整数の中で7または11で割り切れる数の個数は，「7で割り切れる数の集まり」，「11で割り切れる数の集まり」を，それぞれ集合 A, B としたとき，包除原理より，次式で求められる．

$$\begin{aligned} A &= \{x \in \mathbb{Z}^+ \mid x \leqq 1000,\ x \text{ は } 7 \text{ で割り切れる}\} \\ B &= \{x \in \mathbb{Z}^+ \mid x \leqq 1000,\ x \text{ は } 11 \text{ で割り切れる}\} \\ A \cap B &= \{x \in \mathbb{Z}^+ \mid x \leqq 1000,\ x \text{ は } 7 \text{ で割り切れる，かつ，} \\ &\qquad x \text{ は } 11 \text{ で割り切れる}\} \\ |A \cup B| &= |A| + |B| - |A \cap B| \end{aligned}$$

3) 和積の原理ともよばれている．

$$
\begin{aligned}
&= \left\lfloor \frac{1000}{7} \right\rfloor + \left\lfloor \frac{1000}{11} \right\rfloor - \left\lfloor \frac{1000}{7 \cdot 11} \right\rfloor \\
&= 142 + 90 - 12 \\
&= 220
\end{aligned}
$$

ここで，$\lfloor x \rfloor$ は x を超えない最大の整数を表す，床 (floor) 関数とよばれる．たとえば，$\lfloor 3.14 \rfloor = 3$ である [4]．

問 4.9 あるメーカーの車が 33 台売れた．このうち，12 台は 4 輪駆動 (4WD) であり，18 台にはドライブレコーダーが装備され，6 台にはシートヒータが装備されている．4 輪駆動で，ドライブレコーダーとシートヒータがともに装備されているのが 3 台あった．どれも含んでいないのは少なくとも何台だろうか．

4.8 母関数

これまで述べてきた組合せ数を，数列の概念を使って表してみよう．数列 $a_0, a_1, a_2, \ldots$ をベキ級数の係数として，

$$f(x) = a_0 x^0 + a_1 x^1 + a_2 x^2 + \cdots + a_k x^k + \cdots$$

と表した関数を**母関数** (generating function) という．

母関数を次のようにして用いることで，組合せに関する問題を多項式の演算によって解くことができる．

2 項定理において，$a{=}1$，$b{=}x$ とすれば，次式が得られる．

$$
\begin{aligned}
(1+x)^n &= \sum_{r=0}^{n} {}_n\mathrm{C}_r x^r \\
&= {}_n\mathrm{C}_0 + {}_n\mathrm{C}_1 x + \cdots + {}_n\mathrm{C}_k x^k + \cdots + {}_n\mathrm{C}_{n-1} x^{n-1} + {}_n\mathrm{C}_n x^n
\end{aligned}
$$

このことから，母関数の係数 a_r を次式と定める．

[4] 詳しくは，例 6.3 参照．

$$a_r = \begin{cases} {}_n\mathrm{C}_k & ,\ k{=}0,1,2,\ldots \text{ のとき} \\ 0 & ,\ k{>}n \text{ のとき} \end{cases}$$

2 項定理と母関数

4.5 節で述べたように，$(a+b)^n$ の 2 項定理の係数は「a, b の中から a または b を選ぶことを n 回繰り返すときの組合せ数」に等しい[5]．そのため，$(1+x)^n$ の x^r の係数 ${}_n\mathrm{C}_k$ は，n 個のものの中から重複を許さずに r 個取り出す組合せの総数にあたる．たとえば，

$$(1{+}x)^4 = 1x^0 + 4x^1 + 6x^2 + 4x^3 + x^4$$

より，4 個の中から 1 個，2 個，3 個，4 個を取り出す選び方の総数が，それぞれ，4, 6, 4, 1 であることがわかる[6]．

一般的に，p 個以上，q 個以下取り出すことの選び方の総数を求めるための式は次のとおりである．

$$x^p + x^{p+1} + \cdots + x^{q-1} + x^q$$

たとえば，0 個以上 3 個以下であれば $(1{+}x{+}x^2{+}x^3)$，7 個以上 10 個以下であれば $(x^7{+}x^8{+}x^9{+}x^{10})$ となる．

このように，母関数 $f(x)$ を用いる場合，x は変数（未知数）ではなく，単なる記号とみなし，ベキ乗や係数に注目するとよい．

【例 4.10】 切手の組合せ数

1 円切手が 5 枚，5 円切手が 1 枚，10 円切手が 3 枚 あるとき，これらの組合せ方の総数は，次式で求まる．

$$\overbrace{(1{+}x{+}x^2{+}x^3{+}x^4{+}x^5)}^{1\text{ 円切手}}\overbrace{(1{+}x)}^{5\text{ 円切手}}\overbrace{(1{+}x{+}x^2{+}x^3)}^{10\text{ 円切手}}$$
$$= 1{+}3x{+}5x^2{+}7x^3{+}8x^4{+}8x^5{+}7x^6{+}5x^7{+}3x^8{+}x^9$$

これより，たとえば，8 枚の切手の選び方は $3x^8$ より，3 通りある．

---

5) たとえば，$3a^2b$ は，a を 2 個，b を 1 個選ぶ選び方が 3 通りあることを表す．

6) 説明の都合上，ベキ級数の指数 0, 1 も明記．x^0 は 0 個にあたる．

さらに，組合せの内容（切手の種類ごとの枚数）を求めるために，1円切手，5円切手，10円切手をそれぞれ a, b, c で区別して次式とする．

$$\begin{aligned}(1+ax+a^2x^2+a^3x^3+a^4x^4+a^5x^5)(1+bx)(1+cx+c^2x^2+c^3x^3)\\ = 1+(a+b+c)x + (a^2+ab+ac+bc+c^2)x^2 + \cdots\\ +(a^5bc^2+a^4bc^3+a^5c^3)x^8 + (a^5bc^3)x^9\end{aligned}$$

たとえば，8枚の切手の選び方には，$(a^5bc^2 + a^4bc^3 + a^5c^3)$ より，1円5枚・5円1枚・10円2枚，1円4枚・5円1枚・10円3枚，1円5枚・10円3枚の3通りがある．

問 4.10　10円硬貨3個，50円硬貨2個，100円硬貨1個あるとき，硬貨の枚数を 2, 3, 4, 5 とする組合せ方の総数を，母関数を使ってそれぞれ求めよ．

【例 4.11】 切手の合計金額

例題4.10と同様に，1円切手が5枚，5円切手が1枚，10円切手が3枚の場合を考える．組合せた切手の合計金額を考慮するには次のように，x の指数を金額として式をたてる．

$$\overbrace{(1+x+x^2+x^3+x^4+x^5)}^{1\text{円切手}}\overbrace{(1+x^5)}^{5\text{円切手}}\overbrace{(1+x^{10}+x^{20}+x^{30})}^{10\text{円切手}}$$

ここで，$(1+x^{10}+x^{20}+x^{30})$ の x^{10}, x^{20}, x^{30} は，それぞれ，10円切手1枚，2枚，3枚を表す．この式を展開して得られる項 ax^c からは，合計金額 c 円の組合せ方が a 通りあることがわかる．

問 4.11　50円硬貨3枚と100円硬貨2枚があるとき，硬貨の組合せを合計金額ごとに内訳（50円硬貨と100円硬貨のそれぞれの枚数）も含めて，母関数を用いて求めよ．

章末問題

4.1　4 種類の文字 a, b, c, d を使ってできる長さ 1 以上 4 以下の文字列の総数を答えよ．ただし，文字列は異なる文字から構成されているものとする．

4.2　2 項定理を用いて次式を証明せよ．

$$ {}_n\mathrm{C}_0 + {}_n\mathrm{C}_1 + \cdots + {}_n\mathrm{C}_n = 2^n $$

4.3　n 桁の 2 進法で表される数の中に 1 が偶数個（0 も含める）含まれているときを偶パリティとよぶ．たとえば，$n = 3$ のとき，000, 011, 101, 110 の 4 通りがある．このとき，$n = 8$ の場合に，偶パリティは何通りあるのか答えよ．

4.4　学生 12 名を，4 名ずつの 3 チーム T_1, T_2, T_3 に分ける場合の総数を次の条件のもとでそれぞれ，答えよ．

1) T_1, T_2, T_3 を区別する．
2) T_1, T_2, T_3 を区別しない．

4.5　鳩の巣原理は次のように表すこともできる．

> m 羽の鳩が n 個の巣へ入るとしたとき，x 羽以上の鳩が入る巣が少なくとも一つある．

このときの x を，m, n と床関数を使った式で表せ．

4.6　ある店では，床の $1\mathrm{m}^2$ の正方形のスペースに商品を展示することにした．商品は 1 個につき一辺 10cm の立方体である．1111 個の商品をそのスペース内に積み上げて展示する場合，少なくとも床からの高さは何 cm になるか答えよ．

4.7　3 つの集合 A, B, C についての包除原理の式を答えよ．

第 5 章
関　係

5.1　関係の基礎

5.1.1　2 項関係

2 つの整数 x, y についての「x は y より小さい」,「x は y の約数である」などは，2 つの整数の間に成り立つ関係である．一般的に，集合 A と B の要素の間の関係 R を考え,「$a \in A$ と $b \in B$ に対し関係 R が成り立つ」ことを次のように書く.

$$a\,R\,b \qquad \text{または} \qquad R(a,b)$$

このとき，R を「A から B への **2 項関係** (binary relation) あるいは単に**関係**」という．ここで，A を**定義域**，B を**値域**ともよぶ[1]．なお，R としてはさまざまな記号が用いられる．たとえば，$a > b$，$a \prec b$ などである．また，関係が成り立たないことを明記したいときには，$a \not R b$，$a \not\succ b$ などと書く.

【例 5.1】 2 項関係

$X = \{2,3,4\}$ から $Y = \{10,20,30\}$ への 2 項関係を「$x \in X$ は $y \in Y$ の約数である (y は x で割り切れる)」と定め,「$x|y$」と表すことにする．たとえば,「2 は 10 の約数である」ことから $2|10$ が成り立ち，この他にも次式などが成り立つ.

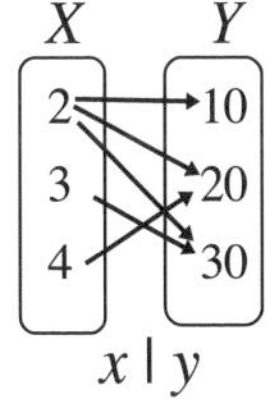

$$2|10, \quad 2|20, \quad 2|30, \quad 3|30, \quad 4|20$$

これらは，しばしば右図のように，$x \in X$ と $y \in Y$ の間で成り立つ関係 $x|y$ ごとに,「x から y への矢印 $\rightarrow$」によって描かれる.

---

1) 第 6 章で述べるように，関係は関数を一般化した概念にあたり，関数においても「定義域」と「値域」の用語は用いられる.

例 5.1 からわかるように 2 項関係 R を満たすのは，直積 $X \times Y$ の部分集合である．一般的には，n 個の対象の間の関係を n **項関係** (n-ary relation) といい，例えば，$a_i \in A_i (i = 1, \ldots, n)$ について n 項関係 R が成り立つとき，$\boldsymbol{R(a_1, a_2, \ldots, a_n)}$ と書く．なお，この関係 R を満たすのは直積 $A_1 \times A_2 \times \cdots \times A_n$ の部分集合である．

問 5.1　$A = \{$一握の砂，銀河鉄道の夜，坊っちゃん，羅生門，注文の多い料理店$\}$ と $B = \{$夏目漱石，宮沢賢治，石川啄木$\}$ の間の 2 項関係 ◎ を，「$x \in A$ の著者は $y \in B$ である」と定め，x ◎ y と書く．このとき，$A \times B$ の要素で ◎ を満たすものをすべて列挙せよ．

5.1.2　特定の集合上の関係

関係 R が，「集合 A から A への 2 項関係」であるとき，A 上の（あるいは A における）2 項関係という．関係 R が n 項関係であるときには，A 上の n 項関係という．

また，集合 A 上の 2 項関係 R が，すべての $x \in A$ は自分自身とのみ関係をもつ，すなわち，$x R x$ であれば**恒等関係**とよび $\boldsymbol{I_A}$ で表す．

$$I_A = \{(x, x) \mid x \in A\}$$

【例 5.2】 A 上の 2 項関係

$X = \{2, 3, 4\}$ 上の 2 項関係として，「$x \geqq y$」を考える．具体的に成り立つ関係は，次のとおりである．

$$2 \geqq 2,\ 3 \geqq 2,\ 3 \geqq 3,\ 4 \geqq 2,\ 4 \geqq 3,\ 4 \geqq 4$$

例 5.1 と同様に図で描いたのが右図である．

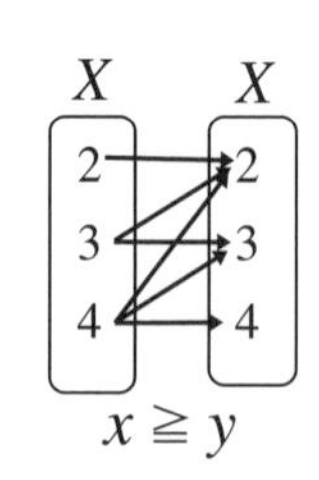

問 5.2　集合 $A = \{1, 2, 3, 4\}$ 上の 2 項関係として，「x は y の倍数である」と定め，$x \diamond y$ と書くことにする．A^2 の要素で $\diamond$ を満たすものをすべて列挙せよ．

5.2 関係の表し方

5.2.1 関係のグラフ

集合 A から B への 2 項関係 R が与えられると，それにより $A \times B$ の部分集合 $\{(a, b) \mid a \in A, b \in B, aRb\}$ が定まる．この集合（順序対の集まり）を R の**グラフ** (graph)[2] という．R のグラフは $\boldsymbol{G(R)}$ あるいは単に $\boldsymbol{R}$ と記される．

$$G(R) = R = \{(a, b) \mid a \in A,\ b \in B,\ a\,R\,b\}$$

さらに，<u>A から B への関係</u> R において，$a\,R\,b$ が成り立つとき，<u>B から A への関係</u>を R の**逆関係**といい，$\boldsymbol{R^{-1}}$ と書く．そのグラフは $\boldsymbol{G(R^{-1})}$ あるいは単に $\boldsymbol{R^{-1}}$ と記される．

$$G(R^{-1}) = R^{-1} = \{(b, a) \mid a \in A, b \in B, a\,R\,b\}$$

以下，混乱のない限り，「R のグラフ」と「R」を同義で用いることとし，$G(R)$ と $G(R^{-1})$ を，それぞれ単に R と R^{-1} と記す．

【例 5.3】 関係のグラフ

たとえば，例 5.1 の関係 $\mid$ では，$2|10$ は $(2, 10)$ として $\mid$ のグラフの要素となり，その他についてもグラフの要素を求めると次のようになる．

$$\mid\ = \{(2, 10), (2, 20), (2, 30), (3, 30), (4, 20)\}$$

さらに，この関係 $\mid$ の逆関係 $|^{-1}$ では，$10|^{-1}2$ より，$(10, 2)$ が $|^{-1}$ のグラフの要素となり，$|^{-1}$ のグラフ全体は次式となる．

$$|^{-1}\ = \{(10, 2), (20, 2), (30, 2), (30, 3), (20, 4)\}$$

なお，この逆関係 $y\,|^{-1}x$ は「y は x の倍数である」にあたる[3]．また，例 5.2 の関係 $\geqq$ と，その逆関係 $\geqq^{-1}$ は，それぞれ，次式となる[4]．

$$\geqq\ = \{(2, 2), (3, 2), (3, 3), (4, 2), (4, 3), (4, 4)\}$$
$$\geqq^{-1} = \{(2, 2), (2, 3), (3, 3), (2, 4), (3, 4), (4, 4)\}$$

---

[2] ここでいうグラフは，関数のグラフ（☞6.1.4 項）や 7 章のグラフと数学的に同じ概念である．

問 5.3　問 5.2 の関係 ◇ のグラフを外延的記法で答えよ．また，◇ の逆関係のグラフを外延的記法で答えよ．

問 5.4　$A = \{1, 2, 3\}$ 上の関係 Q のグラフが $\{(1, x), (2, y), (3, z)\}$ であるとき，$Q = Q^{-1}$ を満たす x, y, z の組の一つが「$x = 1, y = 2, z = 3$」である．この他に，$Q = Q^{-1}$ を満たす x, y, z の組をすべて答えよ．

5.2.2　関係の有向グラフ

例 5.1 と例 5.2 で示したように，集合 A から B への関係において，$a \in A, b \in B$ の間で成り立つ関係 $a\,R\,b$ をもとに，A と B の各要素を矢印 → で結んだ図を描くことができる[5]．とくに，ある集合 A 上の関係 R であれば，下図のように A の各要素 a を○で表し，$a_i\,R\,a_j$ が成り立つ場合に，ⓐᵢ から ⓐⱼ への矢印 → を描いてできるのが，関係 R のグラフ $G(R)$ の図表現であり，7 章で述べる**有向グラフ**の図表現に他ならない．なお，矢印→は有向辺とよばれる．

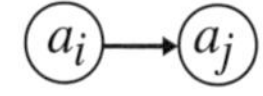

【例 5.4】 関係 ≧ の有向グラフ

例 5.2 の関係 ≧ においては，2≧2 より，② から ② への有向辺（自己ループという）を描く．同様に，3≧3，4≧4 についても，③，④，それぞれに自己ループを描く．そして，3 ≧ 2 より，③ から ② への有向辺を描く．さらに，4 ≧ 2 と 4 ≧ 3 より，④ から ② と ③ への有向辺をそれぞれ描いてできた有向グラフが，下図である．

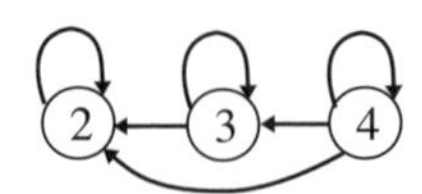

3) 「x は y の約数」と「y は x の倍数」は互いに一方の逆関係である．
4) 関係としての逆であり，≧ の否定 (<) ではない．
5) この形式による描画は関数（☞6 章）でも用いる．

問 5.5 $A = \{1, 2, 3, 4\}$ 上の 2 項関係 $\bowtie$ を次のように定義する．この関係 $\bowtie$ の外延的記法ならびに有向グラフによる表現を答えよ．

$$x, y \in A \text{ について，} x \text{ は } y \text{ より小さい } (x < y)$$

5.2.3 関係の行列表現

集合 $A = \{a_1, a_2, \ldots, a_n\}$ 上の 2 項関係 R は次の成分 m_{ij} からなる行列 $\boldsymbol{M_R}$ で表すことができる[6]．

$$m_{ij} = \begin{cases} 1, & a_i R a_j \text{のとき} \\ 0, & \text{それ以外のとき} \end{cases}$$

このように，成分を 0 と 1 とする行列を **0-1 行列** (zero-one matrix) あるいは **2 値行列** (binary matrix) という（☞A.5 項）．関係を行列で表すことで，関係の演算や解析を行列演算によって行える．

【例 5.5】 | と ≧ の行列表現

例 5.1 の関係 | と例 5.2 の関係 ≧ の行列表現は，いずれも 3×3 の正方行列である．

$$\boldsymbol{M}_{|} = \begin{pmatrix} 1 & 1 & 1 \\ 0 & 0 & 1 \\ 0 & 1 & 0 \end{pmatrix} \qquad \boldsymbol{M}_{\geqq} = \begin{pmatrix} 1 & 0 & 0 \\ 1 & 1 & 0 \\ 1 & 1 & 1 \end{pmatrix}$$

恒等関係と逆関係の行列表現

説明の都合上，$A = \{a_1, a_2, a_3\}$ の場合を述べる．A 上の恒等関係 I_A の要素は，(a_1, a_1), (a_2, a_2), (a_3, a_3) だけであることから，行列表現 $\boldsymbol{M_{I_A}}$ は，次式の単位行列となる．$\boldsymbol{M_{I_A}}$ は，単位行列であることを強調して，混乱がない限り $\boldsymbol{I_A}$ と書く．

$$\boldsymbol{M_{I_A}} = \begin{pmatrix} 1 & 0 & 0 \\ 0 & 1 & 0 \\ 0 & 0 & 1 \end{pmatrix} \quad \cdots \quad \text{対角成分が 1 で，その他は 0}$$

---

[6] 行列については，付録 A を参照のこと．

また，集合 A 上の関係 R とその逆関係 R^{-1} は，例えば，$(a_1, a_2) \in R$ ならば $(a_2, a_1) \in R^{-1}$ であることから，次式が成り立つ．

$$\boldsymbol{M_{R^{-1}}} = {}^t\boldsymbol{M_R} \quad \cdots \quad \text{互いに一方の転置行列}^{7)}$$

問 5.6　問 5.2 の関係 $\diamond$ を行列表現せよ．

5.3　関係の演算

5.3.1　関係の和

集合 A から B への関係 R, Q の**和** を $\boldsymbol{R \cup Q}$ と書き，次式で定める．

$$R \cup Q = \{(a, b) \mid a \in A,\ b \in B,\ a\,R\,b \text{ または } a\,Q\,b\}$$

$R \cup Q$ には，R と Q の少なくとも一方で成り立つ関係の要素が含まれる．

【例 5.6】 関係の和

$X = \{2, 3, 4\}$ 上の 2 項関係 $\prec$ と $\approx$ を次式で定める．

$$\prec = \{(2,3), (2,4), (3,4)\}, \qquad \approx = \{(2,2), (3,3), (4,4)\}$$

このとき，$\prec$ と $\approx$ の和は次式となる．

$$\prec \cup \approx = \{(2,2), (2,3), (2,4), (3,3), (3,4), (4,4)\}$$

この $\prec$ と $\approx$ の和は，A 上の関係 $\leqq$ に他ならない．

問 5.7　$A = \{1, 2, 3\}$ 上の関係 P を $\{(1,2), (2,2), (3,2)\}$ としたとき，P と P^{-1} の和を求めよ．

---

7) 行列の行成分と列成分を入れ替えてできる行列をその行列の転置行列という．

5.3.2 関係の合成

集合 A から B への関係 R と，集合 B から C への関係 Q から次式で定められる関係を R と Q の**合成**（**積**ともいう）といい，$\boldsymbol{Q \circ R}$ と表す（Q と R の並び順に注意）．

$$Q \circ R = \{(a, c) \mid a \in A,\ b \in B,\ c \in C,\ a\,R\,b\ \text{かつ}\ b\,Q\,c\}$$

$Q \circ R$ では，下図のように，

「$a\,R\,b$ と $b\,Q\,c$ が成り立つとき，$a\,(Q \circ R)\,c$ が成り立つ」

と定義される（b が共通であることに注意）．なお，「$a\,R\,b$ と $b\,Q\,c$」は，「(a, b) と (b, c)」とも書ける．以下，これを簡単に「(a, b) と (b, c) より，(a, c)」と書くことにする．

これにより，$Q \circ R$ は，A から C への関係である．関係の合成ができるのは，2 つの関係に共通な集合（下図では B）がある場合である[8]．なお，合成 $Q \circ R$ は，しばしば，QR と表される．

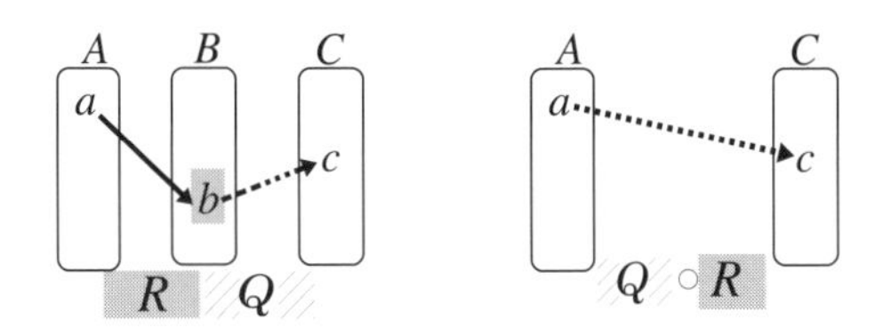

【例 5.7】 関係の合成

$X = \{2, 3, 4\}$ から $Y = \{10, 15, 20\}$ への関係 R_1 を「x は y の約数である（☞例 5.1）」と定めると，$R_1 = \{(2, 10), (2, 20), (3, 15), (4, 20)\}$ である．また，同じ関係を，Y から $Z = \{30, 45, 60\}$ への関係 R_2 とすれば，$R_2 = \{(10, 30), (10, 60), (15, 30), (15, 45), (15, 60), (20, 60)\}$ である．これらは次図の左のように描かれる．

そして，合成 $R_2 \circ R_1$ は，「$(2, 10) \in R_1$ と $(10, 30) \in R_2$ より，$(2, 30)$」や「$(2, 10) \in R_1$ と $(10, 60) \in R_2$ より，$(2, 60)$」が要素となり，$R_2 \circ R_1$ の全体

---

[8] 正確には，R の値域と Q の定義域が共通な場合である．

は次式となり，下図の右のように描かれる．

$R_2 \circ R_1 = \{(2,30),(2,60),(3,30),(3,45),(3,60),(4,60)\}$

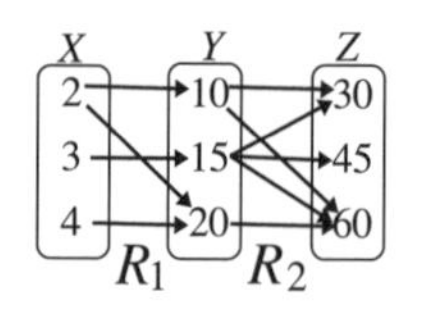

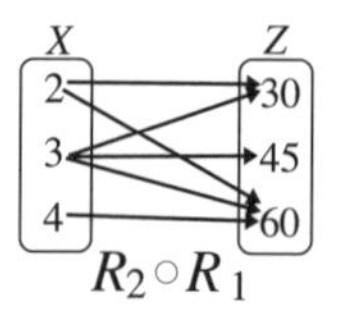

推移的閉包と反射推移閉包

集合 A 上の 2 項関係 R についての合成 $R \circ R$ を R^2 と書く．さらに，$R^n = R^{n-1} \circ R$ とする (n=1,2,3,...)．ただし，$R^0 = I_A$ である．

また，R^0, R^1, R^2, $R^3, \ldots$ について，$R^1 \cup R^2 \cup R^3 \cup \cdots$ を**推移的閉包** (transitive closure)，$R^0 \cup R^1 \cup R^2 \cup R^3 \cup \cdots$ を**反射推移的閉包** (reflective transitive closure) とよび，それぞれ，$\boldsymbol{R}^+$ と $\boldsymbol{R}^*$ とかく．

$$R^+ = \bigcup_{i=1}^{\infty} R^i, \qquad R^* = \bigcup_{i=0}^{\infty} R^i$$

$x_0 R^+ x_n$ が成り立つときには，$x_0 R x_1 \wedge x_1 R x_2 \wedge \cdots \wedge x_{n-1} R x_n$ を満たす $x_0, x_1, x_2, \ldots, x_n$ が存在する．さらに，$x_0 R^* x_n$ のときには，$x_i R^* x_i$ ($i \geqq 0$) も成り立つ．

問 5.8　例 5.2 の関係 $\geqq$ の合成 $\geqq \circ \geqq$ を外延的記法で答えよ．

問 5.9　A 上の関係 R と，その恒等関係 I_A について，次式が成り立つことを示せ．

$$R \circ I_A = R, \qquad I_A \circ R = R$$

5.3.3　行列による関係の演算

関係どうしの和や積は，関係を行列で表すことで行列の和と積によって求めることができる．まず，$X = \{1,2\}$ 上の関係を例にとりあげながら行列演算の仕方を述べる．

【例 5.8】 関係の行列の演算

$X = \{1, 2\}$ 上の関係 R, Q を次式と定めたとき，それらの行列表現 $\boldsymbol{M_R}$ と $\boldsymbol{M_Q}$ は，それぞれ次のとおりである．

$$R = \{(1,1), (1,2)\}, \qquad Q = \{(1,1), (1,2), (2,2)\}$$
$$\boldsymbol{M_R} = \begin{pmatrix} 1 & 1 \\ 0 & 0 \end{pmatrix}, \qquad \boldsymbol{M_Q} = \begin{pmatrix} 1 & 1 \\ 0 & 1 \end{pmatrix}$$

0-1 行列としての「$\boldsymbol{M_R}$ と $\boldsymbol{M_Q}$ の和」を求めると，「$R \cup Q$」の計算結果と次のように対応することがわかる．ここで，0-1 行列では一般的な和積と区別するために $\oplus$ と $\otimes$ を使うことと，$1 \oplus 1 = 1$ であることに注意せよ（☞A.5 節）．

$$R \cup Q = \{(1,1), (1,2)\} \cup \{(1,1), (1,2), (2,2)\} = \{(1,1), (1,2), (2,2)\}$$
$$\boldsymbol{M_R} \oplus \boldsymbol{M_Q} = \begin{pmatrix} 1 & 1 \\ 0 & 0 \end{pmatrix} \oplus \begin{pmatrix} 1 & 1 \\ 0 & 1 \end{pmatrix} = \begin{pmatrix} 1 & 1 \\ 0 & 1 \end{pmatrix}$$

R と Q の合成は，「$(1,1)$ と $(1,1)$ より，$(1,1)$」，「$(1,1)$ と $(1,2)$ より，$(1,2)$」，「$(1,2)$ と $(2,1)$ より，$(1,1)$」などの要素からなり，次式となる．

$$R \circ Q = \{(1,1), (1,2)\} \circ \{(1,1), (1,2), (2,2)\} = \{(1,1), (1,2)\}$$

そして，0-1 行列としての「$\boldsymbol{M_R}$ と $\boldsymbol{M_Q}$ の積」を求めた結果と，次のように対応している．

$$\boldsymbol{M_R} \otimes \boldsymbol{M_Q} = \begin{pmatrix} 1 & 1 \\ 0 & 0 \end{pmatrix} \otimes \begin{pmatrix} 1 & 1 \\ 0 & 1 \end{pmatrix} = \begin{pmatrix} 1 & 1 \\ 0 & 0 \end{pmatrix}$$

一般的に関係 R, Q に対する演算と，その行列表現 $\boldsymbol{M_R}$, $\boldsymbol{M_Q}$ の演算には次の対応が成り立つ．ここで，$\boldsymbol{I_R}$ は恒等関係を表す単位行列である．

関係の和 $R \cup Q$	$\boldsymbol{M_R} \oplus \boldsymbol{M_Q}$

関係の積 $R \circ Q$	$\boldsymbol{M_R} \otimes \boldsymbol{M_Q}$
推移的閉包 R^+	$\boldsymbol{M_R} \oplus (\boldsymbol{M_R})^2 \oplus (\boldsymbol{M_R})^3 \oplus \cdots$
反射推移的閉包 R^*	$\boldsymbol{I_R} \oplus \boldsymbol{M_R} \oplus (\boldsymbol{M_R})^2 \oplus (\boldsymbol{M_R})^3 \oplus \cdots$

5.4 関係の性質

5.4.1 基本的な性質

R を集合 A 上の2項関係とする．これに関する基本的な性質を以下に示す．

反射律 (reflexivity)	すべての $x \in A$ について xRx
推移律 (transitivity)	$x, y, z \in A$ について xRy かつ $yRz \Rightarrow xRz$
対称律 (symmetry)	$x, y \in A$ について $xRy \Rightarrow yRx$

関係 R が反射律を満たすとき，R は**反射的**であるという．同様にして，**推移的**，**対称的**ともいう．

有向グラフによる性質の見分け方

集合 $\{x, y, z\}$ 上の関係を例にして，有向グラフのもとでの各性質の見分け方を次に示す．

反射律　A のすべての要素について，自己ループが存在するかどうかを調べる．

推移律　xRy かつ yRz を満たしている x, y, z のすべての組合せについて，x から z への有向辺の有無を調べる．その他の場合については考慮しなくてよい．

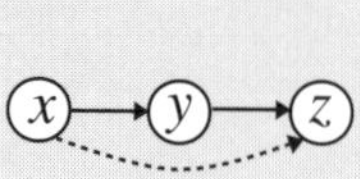

対称律　xRy を満たしている x, y のすべての組合せについて，y から x への有向辺の有無を

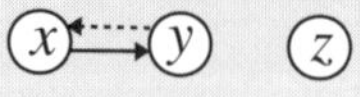

調べる．その他の場合については考慮しなくてよい．

【例 5.9】 関係 $<$ の性質

例 5.6 の $X = \{2, 3, 4\}$ 上の関係 $<_X$ のもつ性質は，右図の有向グラフより次のとおりである．

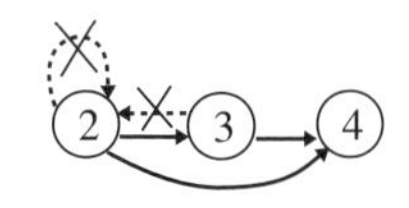

反射律　2 に自己ループがないので反射的ではない．

推移律　$2 < 3$ かつ $3 < 4$ であり，2 から 4 への有向辺がある．この他に，$a < b$ かつ $b < c$ を満たす $a, b, c \in X$ は存在しないので，推移的である．

対象律　2 から 3 への有向辺があるが 3 から 2 への有向辺がないので，対称律ではない．

【例 5.10】 関係 ♡ の性質

$B = \{1, 2, 3\}$ 上の関係 $♡ = \{(1, 1), (1, 2), (2, 1), (2, 3)\}$ がもつ性質は右辺の有向辺グラフより次のとおりである．

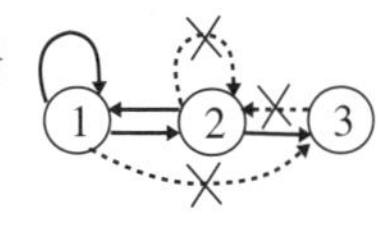

反射律　2 に自己ループがないので反射的ではない．

推移律　1 から 2 と，2 から 3 への有向辺がともにあるが 1 から 3 への有向辺がないので推移的ではない．

対象律　2 から 3 への有向辺があるが 3 から 2 への有向辺がないので対象的ではない．

問 5.10　問 5.2 の関係 ◇ は，反射的，推移的，対称的のいずれの性質をもつのか答えよ．

問 5.11　問 5.5 の関係 $\bowtie$ は，反射的，推移的，対称的のいずれの性質をもつのか答えよ．

5.5 同値関係

5.5.1 集合の分割

ある集合 S を，右図のように次の条件を満たす集合 $S_1, S_2, \ldots, S_n$ に分けることを**分割** (partition) という．

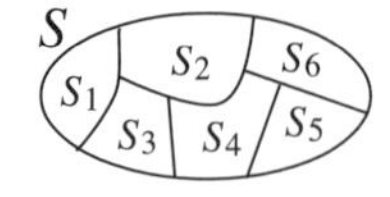

- S の要素は，$S_1, S_2, \ldots, S_n$ のいずれか一つに属する．
  そのため，$|S_1| + |S_2| + \cdots + |S_n| = |S|$ ．
- $S_1, S_2, \ldots, S_m$ は互いに素である．そのため，$i \neq j$ について，$S_i \cap S_j = \varnothing$ $(i, j = 1, \ldots, n)$．

【例 5.11】 分割

集合 S が $\{a, b, c\}$ であるとき，次に示す3つはいずれも S の分割にあたる．

$$\{\{a, b\}, \{c\}\}, \quad \{\{a\}, \{b\}, \{c\}\}, \quad \{\{a, b, c\}\}$$

これに対して，$\{\{a\}, \{b\}\}$ は c を含まないため，$\{\{a, b\}, \{b, c\}\}$ は b を重複して含むため，いずれも分割ではない．

問 5.12　次の C_1, C_2, C_3 それぞれについて，$C = \{0, 1, 2, 3, 4\}$ の分割であるかどうかを理由とともに答えよ．

$C_1=\{\{0\}, \{1, 2\}, \{4\}\}$,　　$C_2=\{\{0, 1\}, \{1, 2\}, \{3, 4\}\}$,
$C_3=\{\{0, 1\}, \{3, 4\}, \{2\}\}$

5.5.2 同値関係

ある関係 R が3つの基本的な性質，反射律，対称律，推移律をすべて満たすとき，関係 R を**同値関係** (equivalence relation) という．

【例 5.12】 同値関係 $\approx$

ある学部に複数個の学科が存在するとき，学部生からなる集合を $S = \{s \mid s \text{ は学部生}\}$ とし，S 上の関係 $\approx$ を次のように定義する．

$$G(\approx) = \{(x, y) \mid x \in S \text{ と } y \in S \text{ は同じ学科に属する}\}$$

このとき，関係 $\approx$ が同値関係であることは，どの学生も自分自身と同じ学科（反射的），x と y が同じ学科なら y と x も同じ学科（対称的），x と y が同じ学科でかつ y と z が同じ学科なら x と z も同じ学科（推移的）にそれぞれ属することから明らかである．

問 5.13 $\{1, 2, 3, 4\}$ 上の関係 $\triangle$ のグラフ $G(\triangle)$ を次式とする．

$$G(\triangle) = \\ \{(1,1), (1,2), (1,3), (2,2), (2,3), (3,2), (3,3), (4,2), (4,4)\}$$

このとき，$\triangle$ は反射的，推移的，対称的のいずれの性質をもつか答えよ．また，$\triangle$ は同値関係であるか答えよ．

5.5.3 同値類と商集合

ある集合 A 上の同値関係は，その集合 A をいくつかの集合（この集合は**同値類** (equivalence class) とよばれる）に分割するときに用いられる．

たとえば，例 5.12 の同値関係 $\approx$ を用いれば，右図のように学部学生の集合 S を複数個の学科の集合に分割することができる．このとき，学生 $a \in S$ は分割されたいずれか 1 つの集合だけに属することになる．この集合が同値類であり，$[a]$ と表され，この同値類の要素 a を**代表** (representative) という．すなわち，

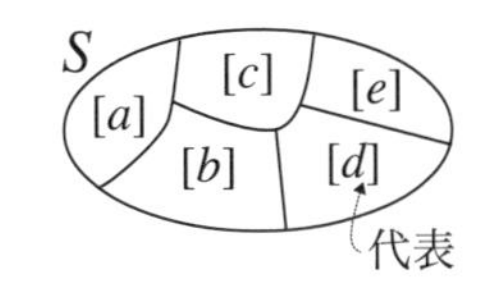

$$[a] = \{x \mid a \in S, x \in S, (a, x) \in G(\approx)\}.$$

分割された集合（同値類）は互いに素であり，これらすべての同値類からなる集合は，S の $\approx$ による**商集合** (quotient set) とよばれ，次式で表される．

$$S/\approx \; = \; \{[a] \mid a \in S\}$$

このように，1 つの集合をいくつかの互いに素な集合に分けたいときの基準として同値関係が用いられる．

【例 5.13】 同値類と商集合

$V = \{1, 2, 3, 4, 5, 6, 7, 8, 9, 10\}$ とし，関係 $\#$ を次式で定める．

$$G(\#) = \{(x, y) \mid x \in V, y \in V, x \text{ と } y \text{ は 3 で割ったときの余りが等しい}\}$$

例えば，$3\#6, 4\#10$ が成り立ち，次の 3 つの同値類が得られる．

$$[3] = \{3, 6, 9\}, \qquad [1] = \{1, 4, 7, 10\}, \qquad [2] = \{2, 5, 8\}$$

したがって，V の $\#$ による商集合は次式となる．

$$V/\# = \{[3], [1], [2]\} = \{\{3, 6, 9\}, \{1, 4, 7, 10\}, \{2, 5, 8\}\}$$

同値関係と行列

下図の有向グラフのように，$A = \{a, b, c, d, e\}$ 上の関係 R_1 を定める．この R_1 は同値関係であり，R_1 の行列表現 $\boldsymbol{M_{R_1}}$ は下図のとおりである．

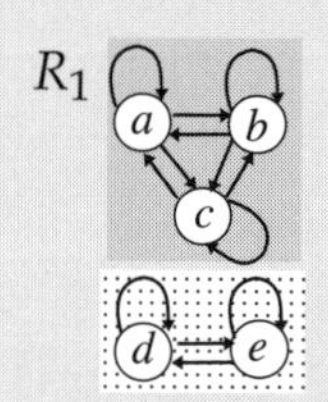

$$\boldsymbol{M}_{R_1} = \begin{array}{c} \\ a \\ b \\ c \\ d \\ e \end{array} \begin{array}{c} \begin{array}{ccccc} a & b & c & d & e \end{array} \\ \begin{pmatrix} 1 & 1 & 1 & 0 & 0 \\ 1 & 1 & 1 & 0 & 0 \\ 1 & 1 & 1 & 0 & 0 \\ 0 & 0 & 0 & 1 & 1 \\ 0 & 0 & 0 & 1 & 1 \end{pmatrix} \end{array}$$

このように，同値関係を行列表現すると，同値関係で分割された同値類ごとに行列の成分が分かれる [9]．

なお，一般的に集合 A 上の 2 項関係 R の同値関係については，次式が成り立つ[5]．

$$R \text{ が同値関係である} \Leftrightarrow R = (R \cup R^{-1})^*$$

このことから，ある関係 R が同値関係かどうかは，その行列表現 $\boldsymbol{M_R}$ について，$\boldsymbol{M_R} = (\boldsymbol{M_R} \oplus {}^t\boldsymbol{M_R})^*$ が成り立つかどうかを調べればよい [10]．あるいは，反射律 $I_A \subset R$，対称律 $R^{-1} \subset R$，推移律 $R^2 \subset R$，それぞれが成

[9] 行列表現をもとにグラフをサブグラフに分割する方法を，9.6 節で述べる．
[10] ${}^t\boldsymbol{M_R}$ は $\boldsymbol{M_R}$ の転置行列である．

り立つかどうかを調べてもよい [5].

問 5.14 $F = \left\{1, 2, 3, \frac{4}{2}, \frac{6}{3}, \frac{9}{3}, \frac{4}{4}\right\}$ 上の同値関係 ⊟ を定義し，F の商集合を求めよ.

章末問題

5.1 集合 A, B, C, D について，A から B への関係 R，B から C への関係 Q，C から D への関係 S に対して，次式が成り立つことを示せ.

$$S \circ (Q \circ R) = (S \circ Q) \circ R$$

5.2 集合 $A = \{1, 2, 3, 4\}$ 上の関係 R を「$x \in A$ を $y \in A$ で割ったときの余りが 1 である（xRy）」と定める．グラフ $G(R)$ を外延的記法で表せ.

5.3 集合 A 上の関係 R が，反射律，推移律，対称律を満たすとき，各式が成り立つことを示せ.

反射律　$I_A \subset R \Leftrightarrow R = R \cup I_A$
推移律　$R^2 \subset R \Leftrightarrow R = R^+$
対称律　$R^{-1} \subset R \Leftrightarrow R = R \cup R^{-1}$

5.4 整数 n, n' について，n と n' が m を法として合同であることを $n \simeq_m n'$ と表し，「$(n - n')$ が m で割り切れる（剰余が 0）」と定める.

この合同関係 $\simeq_m$ が $\mathbb{Z}$ 上の同値関係であることを示せ.

5.5 集合 $X = \{v, w, x, y, z\}$ 上の関係 R のグラフが次式のとき，R が同値関係であるか理由とともに答えよ．また同値関係のとき，商集合を外延的記法で表せ.

$G(R) = \{(v, v), (v, y), (w, w), (w, z), (x, x), (y, v), (y, y), (z, w), (z, z)\}$

第 6 章
関数の基礎

6.1 関　数

6.1.1 写像と関数

集合 X の各要素に集合 Y のある要素を 1 つ対応させる規則 f が与えられているとき，f を「X から Y への**写像** (mapping)」といい，

$$f : X \to Y \qquad \text{または} \qquad X \xrightarrow{f} Y$$

と表す．X を f の**定義域** (domain) といい，Y を f の**終域** (codomain) という．

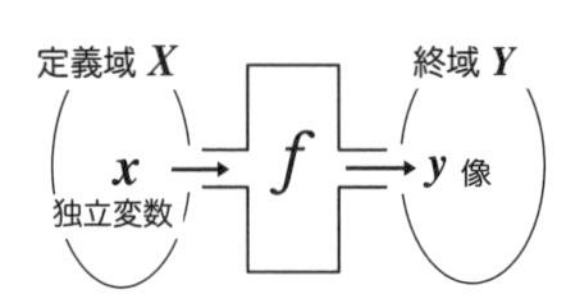

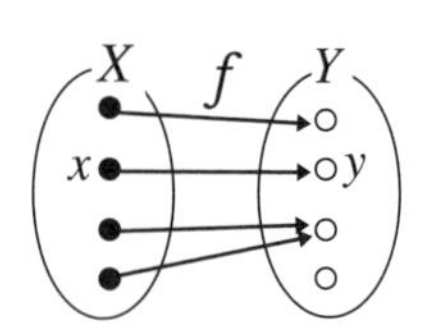

f によって X の要素 x に Y の要素 y が対応するとき，「y を x の f による**像** (image)」，または「x における f の値」といい，次式のように書き，図では，上図のように x と y を矢印でつないで表す（☞5.2.2 項）．

$$f(x) = y \qquad \text{または} \qquad f : x \mapsto y$$

前後の文脈から定義域や終域が明らかな場合には省略することが多いが，関数 f の定義域と終域を明記するときには，$f : X \ni x \mapsto y \in Y$ と書く．このとき，定義域の要素 x を**独立変数** (independent variable) といい，終域の要素 y を**従属変数** (depenent variable) という．

特に，定義域と終域が同じ集合 X である，すなわち $f : X \to X$ のとき，f を X 上の写像 という．

【例 6.1】 写像の図表現

$X = \{1,2,3,4\}$ から $Y = \{10,20,30\}$ への写像 f_a を次のように定めたときの図表現は右図のとおりである.

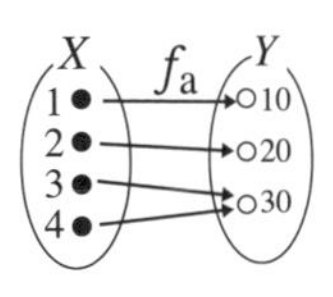

$$f_a(1) = 10, \quad f_a(2) = 20, \quad f_a(3) = 30, \quad f_a(4) = 30$$

問 6.1　$X = \{r,s,t\}$ から $Z = \{u,v,w\}$ への写像 f_b を次式で表す.

$$f_b(r) = w, \quad f_b(s) = v, \quad f_b(t) = u$$

この写像 f_b を図で表せ.

6.1.2 関　数

定義域 X や終域 Y が整数や実数などの数の集合である場合に，写像をしばしば**関数** (function) という.

【例 6.2】 関数の例 $succ$, sqr

自然数 $x \in \mathbb{N}$ に $x+1 \in \mathbb{N}$ を対応させる $\mathbb{N}$ 上の関数 $succ$ は次式で表される．この関数は**後者関数** (successor function) とよばれる.

$$succ : x \mapsto x + 1 \qquad \text{または} \qquad succ(x) = x + 1$$

また，整数 $x \in \mathbb{Z}$ に $x^2 \in \mathbb{Z}$ を対応させる $\mathbb{Z}$ 上の関数 sqr は次式で表される.

$$sqr : x \mapsto x^2 \qquad \text{または} \qquad sqr(x) = x^2$$

以下では，数以外の集合のもとで定義される写像も含めて「関数」とよぶことにする.

問 6.2　$\mathbb{Z}$ 上の関数 neg を $neg(x) = -x$ とする．このとき，x が 3, 1, 0, −1, −3 のときの $neg(x)$ をそれぞれ求めよ．

【例 6.3】 整数関数

終域を $\mathbb{Z}$ とする主な関数には次のものがある．

- 床関数 $\lfloor x \rfloor : \mathbb{R} \longrightarrow \mathbb{Z}$: x 以下の最大の整数 n $(x-1 < n \leqq x)$.
  たとえば，$\lfloor 3.14 \rfloor = 3$,　$\lfloor \sqrt{2} \rfloor = 1$,　$\lfloor -9.9 \rfloor = -10$.
- 天井関数 $\lceil x \rceil : \mathbb{R} \longrightarrow \mathbb{Z}$: x 以上の最小の整数 n $(x \leqq n < x+1)$.
  たとえば，$\lceil 3.14 \rceil = 4$,　$\lceil \sqrt{2} \rceil = 2$　$\lceil -9.9 \rceil = -9$.
- 剰余関数　$\bmod : \mathbb{Z} \times \mathbb{Z}^+ \longrightarrow \mathbb{Z}$: 整数 M を正整数 k で割った剰余（余り）r $(0 \leqq r \leqq k-1)$ を $M \mod k = r$ とかく [1]．
  たとえば，$10 \mod 3 = 1$，$10 \mod 5 = 0$.

問 6.3　次の各関数の値を求めよ．

a) $\lceil 2.73 \rceil$,　　b) $\lfloor 2.73 \rfloor$,　　c) $100 \mod 3$

6.1.3 値　域

関数 $f : X \to Y$ において，右図の網掛けの領域のように，$f(x) = y$ となるような $x \in X$ が少なくとも 1 つ存在する（定義されている）$y \in Y$ からなる集合を，f の**値域** (range) といい，$f(X)$ で表す．すなわち，

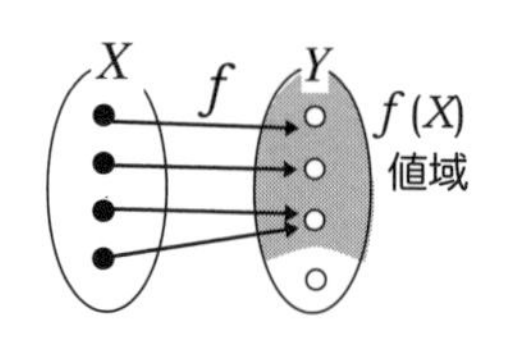

$$f(X) = \{y \mid x \in X,\ f(x) = y\}.$$

【例 6.4】 関数の値域

例 6.2 の $sqr(x) = x^2$ の定義域と終域をそれぞれ，$A = \{0, 1, 2, 3\}$ と $\mathbb{N}$ としたときの値域 $sqr(A)$ は，A の要素 0,1,2,3，それぞれについて sqr

---

[1]　$\bmod\,(M, k) = r$ と表すところをプログラミング言語の算術式と同様に表すこととする．

の値を求めればよく，次式となる．

$$sqr(A) = \{sqr(0),\ sqr(1),\ sqr(2),\ sqr(3)\} = \{0, 1, 4, 9\}$$

また，例 6.2 における後者関数 $succ : \mathbb{N} \to \mathbb{N}$ の値域は，$succ(\mathbb{N}) = \{y \mid y \in \mathbb{N},\ y > 0\}$ である．

関数の値域

$f : X \to Y$ において，定義域の部分集合 $X_1, X_2 \subset X$，終域の部分集合 $Y_1, Y_2 \subset Y$，について，次式が成り立つ．

$$f(X_1 \cup X_2) = f(X_1) \cup f(X_2)$$
$$f(X_1 \cap X_2) \subset f(X_1) \cap f(X_2)$$

f が単射 [2] のときには，$f(X_1 \cap X_2) = f(X_1) \cap f(X_2)$

問 6.4　集合 $A = \{1, 2, 3\}$ について，$h : A \to \mathbb{Z}$，$h(x) = x+3$ のとき，$h(A)$ を外延的記法で答えよ．

【例 6.5】 関数の値域

関数 $f : X \to Y$，X の部分集合 X_1, X_2 について，次式が成り立つ．

$$f(X_1 \cup X_2) = f(X_1) \cup f(X_2)$$

［証明］　集合どうしの相等についての証明であることから，$f(X_1 \cup X_2) \subset f(X_1) \cup f(X_2)$ かつ $f(X_1 \cup X_2) \supset f(X_1) \cup f(X_2)$ を示す．

前半：$X_1 \cup X_2$ の要素 x の f による値 y は，次図のように $x \in X_1$ であれば $y \in f(X_1)$ であり，もし，$x \in X_2$ であれば $y \in f(X_2)$ である（次図はあくまで，f, X_1, X_2 の一例である）．したがって，$y \in f(X_1 \cup X_2)$ であれば，$y \in f(X_1) \cup f(X_2)$ であることから，$f(X_1 \cup X_2) \subset f(X_1) \cup f(X_2)$ が成り立つ．

後半：$x \in X_1$ の f による値 y は，$x \in (X_1 \cup X_2)$ であることから

---

[2] 任意の $x, x' \in X$ に対し，$x \neq x' \Rightarrow f(x) \neq f(x')$ が成り立つ場合．詳しくは 6.2 節を参照．

$y \in f(X_1 \cup X_2)$ である．$x \in X_2$ の f による値 y についても同様であることから，$f(X_1 \cup X_2) \supset f(X_1) \cup f(X_2)$ が成り立つ．

以上のことから，$f(X_1 \cup X_2) = f(X_1) \cup f(X_2)$ である．

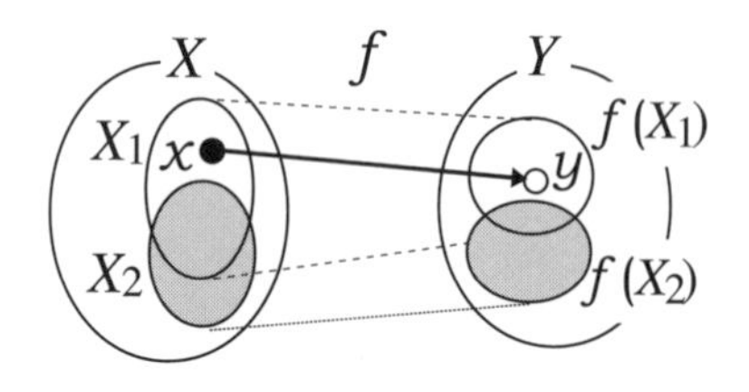

問 6.5　例 6.5 と同様の関数 $f: X \to Y$，X の部分集合 X_1, X_2 について，次式が成り立つことを示せ．

$$f(X_1 \cap X_2) \subset f(X_1) \cap f(X_2)$$

6.1.4 関数のグラフ

関数においても関係のようにグラフ（☞5.2.1 項）を作ることができる．関数 $f: A \to B$ に対しては，次の $G(f)$ を，f の**グラフ**とよぶ．

$$G(f) = \{(a, b) \mid a \in A, b = f(a)\}$$

f のグラフは，定義域 A の要素 a と，その f の値 $b \in B$ との順序対 (a, b) からなる集合である．

【例 6.6】 関数のグラフ

例 6.1 の関数 $f_a: X \to Y$ のグラフ $G(f_a)$ は次式となる．

$$G(f_a) = \{(1, 10),\ (2, 20),\ (3, 30),\ (4, 30)\}$$

このグラフの要素 (x, y) を平面座標上に x を×として描いたのが次図の左である．

また，例 6.3 の床関数の定義域 X を $X = \{x \mid 0 \leqq x < 4\}$ としたときのグラフの図表現を次図の右に示す．図中，●はその点を含み，○はその点を含まない．

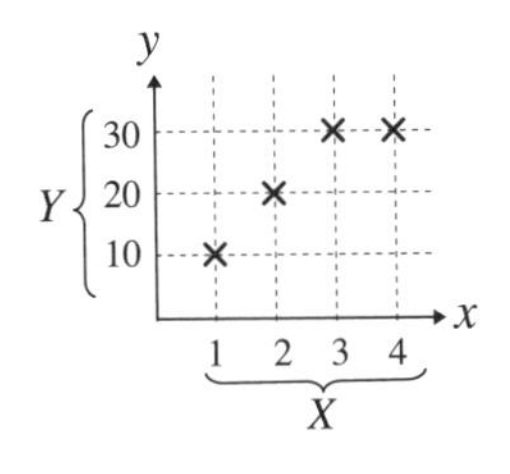

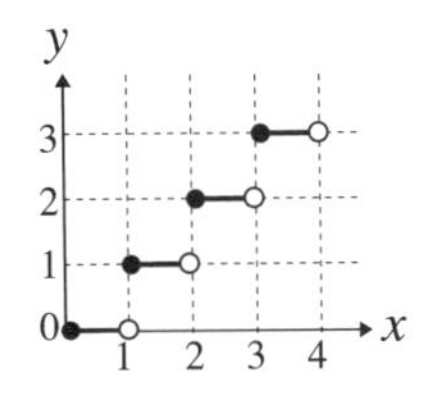

なお，グラフについては 7 章で詳しく述べる．

問 6.6　天井関数の定義域を $\{x \mid 0 \leqq x \leqq 5\}$ としたとき，天井関数のグラフを図表示せよ．

6.2　関数の分類

関数 $f : X \to Y$ において，X の異なる要素 x と x' の f による像 $f(x)$ と $f(x')$ がいつも異なるとき，すなわち，

$$\text{任意の } x, x' \in X \text{ に対し，} x \neq x' \Rightarrow f(x) \neq f(x').$$

が成り立つとき，f を X から Y への**1 対 1 関数** (one-to-one function)，あるいは X から Y への**単射** (injection) という．

関数 $f : X \to Y$ の値域 $f(X)$ が終域 Y と一致するとき，すなわち，$f(X) = Y$ のとき，f は X から Y の**上へ** (onto) の関数あるいは f は X から Y への**全射** (surjection) という．f が X から Y への単射かつ全射であるとき，f を X から Y への**全単射** (bijection, one-to-one and onto) という．

なお，関数 f: $X \to X$ が $f(x) = x$ であるとき，$f(x)$ を X 上の**恒等関数** (identity function) といい，しばしば，id_X あるいは 1_X と書く．

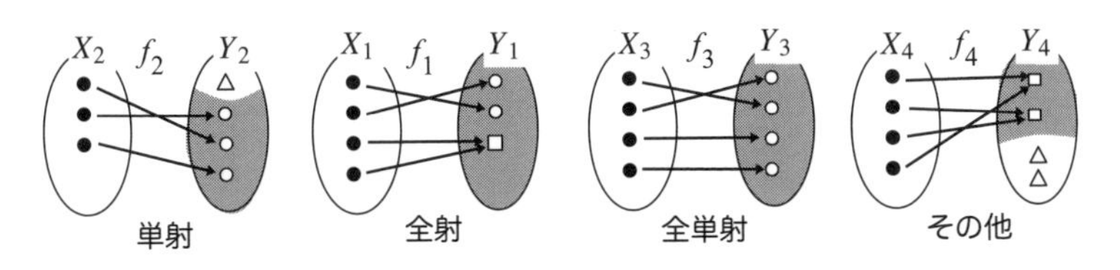

【例 6.7】 関数の分類の例

2 つの整数 x, y の和を対応づける関数 $plus : \mathbb{Z} \times \mathbb{Z} \to \mathbb{Z}$ を，$plus(x, y) = x+y$ とすると，任意の整数を 2 つの整数の和で表せるので全射ではある．しかしながら，たとえば，$plus(1,4)=plus(3,2)=5$ なので，単射ではない．

一方，$\mathbb{N}$ 上の恒等関数 $id_{\mathbb{N}}$ は全単射である．

鳩の巣原理と関数

$f : X \to Y$ において，$|X| > |Y|$ のとき，f は単射ではない．
これは，鳩の巣原理（☞4.6 節）による．

問 6.7 $A = \{1,2,3,4\}$，$B = \{1,2,3\}$ であるとき，$f : A \to B$，$g : B \to A$，$h : B \to B$ とし，各関数を次のように定義する．

$$
\begin{array}{llll}
f(1)=2, & f(2)=1, & f(3)=1, & f(4)=3 \\
g(1)=2, & g(2)=3, & g(3)=1 & \\
h(1)=2, & h(2)=1, & h(3)=3 &
\end{array}
$$

a) $f(A), g(B), h(B)$ をそれぞれ外延的記法によって表せ．
b) 全射，単射，全単射である関数をそれぞれすべてあげよ．

全単射 $f : x \mapsto y$ については，$y \in Y$ を $x \in X$ に対応づける関数 $Y \to X$ を定めることができる．このような関数を f の**逆関数** (invertible function) といい f^{-1} と書く．すなわち，$f^{-1} : y \mapsto x$．一般には，関数 $g : X \to Y$ に対して，常に逆関数 $g^{-1} : Y \to X$ が存在するとは限らない．

【例 6.8】 逆関数の例

$id_{\mathbb{N}}$ は全単射なので，逆関数が存在する．

定義域として学生全体の集合 S を，終域としてログイン ID 全体の集合 L を考えたとき，各学生に重複のないように ID を割り当てる全単射 $login : S \to L$ を定義できる．このとき，逆関数 $login^{-1} : L \to S$ を定めることができる．

関数 (function) と関係 (relation)

次表に $f : X \to Y$ についての単射，全射，全単射の違いを示す．

	単射	全射	全単射	その他
対応	1 対 1	多対 1	1 対 1	多対 1
$f(X)$	$f(X) \subset Y$	$f(X) = Y$	$f(X) = Y$	$f(X) \subset Y$

これに対して，第 5 章の関係はこの表の対応以外に「多対多」あるいは「1 対多」の対応の場合もある．そのため，「関数 (function)」は「関係 (relation)」の特別な場合であるといえる [3]．

6.3 関数の合成

2 つの関数 $f : X \to Y$ と $g : Y \to Z$ が与えられたとき，次のような X から Z への関数を考えることができる：

> X の各要素 x に対して，まず f によって x に Y の要素 $f(x)$ を対応させて，さらに g によって $f(x)$ に Z の要素 $g(f(x))$ を対応させる．

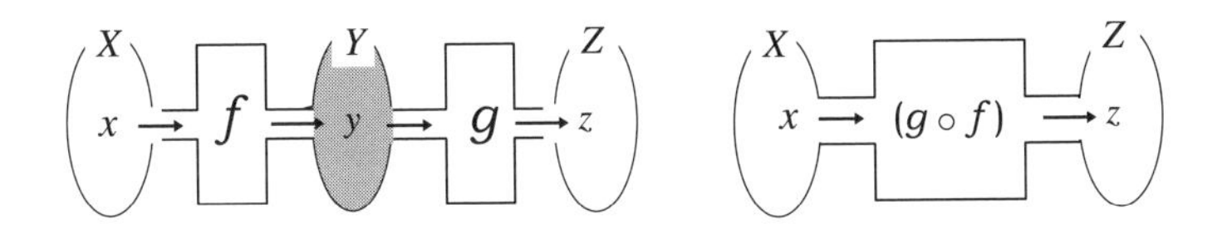

この結果として，X の各要素 x に Z の要素 $g(f(x))$ を対応させる関数が得られる．この関数を，f と g の**合成関数** (composition function) といい，上図のように $g \circ f$ と書く．さらに，$g(f(x))$ を $(g \circ f)(x)$ と書く [4]．すなわち，

$$g \circ f : X \to Z, \qquad (g \circ f)(x) = g(f(x)).$$

---

3) 定義域の各要素は少なくとも 1 つの値域の要素と対応づけられる（関係においては，0 個の場合もある）．

4) 関数 g と f の順序に注意．

関数を合成するための条件

合成関数 $g \circ f$ は,「f の終域と g の定義域とが一致するとき」に定義可能であるが，一般的には，関数 $f: A \to B$ と $g: C \to D$ の合成関数 $g \circ f$ において,「f の終域」と「g の定義域」が一致していなくとも，すべての $a \in A$ について，$f(a) \in C$ であって $g(f(a))$ が定まれば，$g \circ f$ が定義できる．そのためには，$f(A) \subset C$ が成り立てばよい．

そこで,「f の値域が g の定義域に含まれているとき」，すなわち $f(A) \subset C$ が成り立つときに $g \circ f$ が定義されるとする場合もある．

【例 6.9】 合成関数の例

$X = \{1, 2, 3, 4\}$, $Y = \{\alpha, \beta, \gamma\}$, $Z = \{a, b, c, d\}$ であるとき，$f: X \to Y$, $g: Y \to Z$ を次のように定める．

$$f(1)=\beta,\ f(2)=\alpha,\ f(3)=\gamma,\ f(4)=\gamma$$
$$g(\alpha)=c,\ g(\beta)=a,\ g(\gamma)=d$$

このとき，f と g の合成関数 $g \circ f: X \to Z$ は下図のように構成される．

$$(g \circ f)(1) = a,\ (g \circ f)(2) = c,\ (g \circ f)(3) = d,\ (g \circ f)(4) = d$$

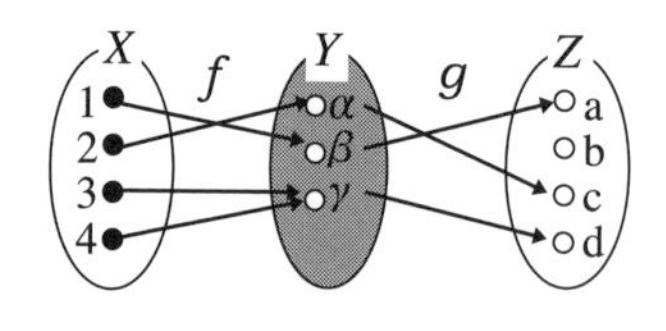

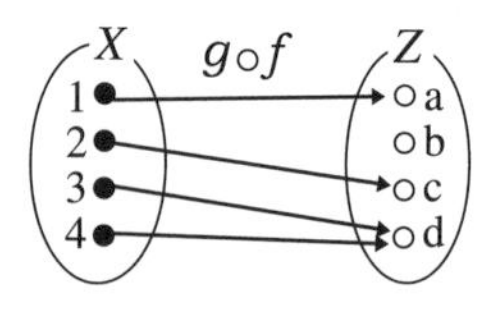

関数の合成の順序

例 6.2 の ℕ 上の関数 $succ(x) = x+1$ と定義域および終域をℕに変更した $sqr(x) = x^2$ の合成関数 $sqr \circ succ$ と $succ \circ sqr$ は，それぞれ次式となる．

$$(sqr \circ succ)(x) = sqr(succ(x)) = sqr(x+1) = (x+1)^2$$
$$(succ \circ sqr)(x) = succ(sqr(x)) = succ(x^2) = x^2+1$$

このように，2 つの関数の合成の順番によって異なる合成関数が得られる．また，この例の場合には 2 つの関数がともに ℕ 上の関数であったために，$f_2 \circ f_1$ および $f_1 \circ f_2$ がともに定義されたが，一般的には，$f_2 \circ f_1$ が定義されたとしても，$f_1 \circ f_2$ が定義されるとは限らない（逆の場合もある）.

なお，関数 $f : A \to B$ と恒等関数については次式が成り立つ（恒等関数の定義域と値域に注意）.

$$f \circ id_A = f, \qquad id_B \circ f = f$$

さらに，全単射 $f : A \to B$ に対しては，次式が成り立つ.

$$f^{-1} \circ f = id_A, \qquad f \circ f^{-1} = id_B$$

問 6.8 例 6.4 の sqr，例 6.7 の $plus$，$id_{\mathbb{N}}$ の定義域および終域を次のように定める（前掲の一部を変更）.

$$sqr : \mathbb{Z} \to \mathbb{N}, \qquad plus : \mathbb{Z} \times \mathbb{Z} \to \mathbb{Z}, \qquad id_{\mathbb{N}} : \mathbb{N} \to \mathbb{N}$$

このとき，以下の合成関数をそれぞれ答えよ．なお，合成関数が定義されないときにはその理由を記せ.

a) $id_{\mathbb{N}} \circ sqr$,　b) $sqr \circ id_{\mathbb{N}}$,　c) $sqr \circ plus$,　d) $plus \circ sqr$

【例 6.10】 合成関数と単射

関数 $f : X \to Y$, $g : Y \to Z$ のとき，次が成り立つ.

f, g がともに全射ならば，$g \circ f$ は全射である.

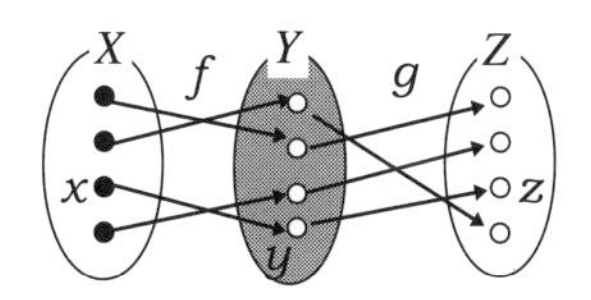

［証明］　合成関数 $g \circ f$ による $x \in X$ の値 $z{=}g(f(x))$ は，上図のように $y{=}f(x)$ かつ $z{=}g(y)$ により求められる（上図はあくまで，f, g の一例である）．このとき，f が全射であるため，Y の任意の要素 y に対して，$y = f(x)$ を満たす $x \in X$ が存在する．さらに，g が全射であるため，Z の任意の要素 z に対して，$z = g(y)$ を満たす $y \in Y$ が存在する．これらのことから，Z の任意の要素 z に対して，$z = g(f(x))$ を満たす $x \in X$ が

存在することから，合成関数 $g \circ f$ は全射である．■

問 6.9　例 6.10 の関数 f, g について，次が成り立つことを示せ．

f, g がともに単射ならば，$g \circ f$ は単射である．

6.4 関係や置換と関数

6.4.1 関数と2項関係

集合 A 上の関数 $f : A \to A$ のグラフ $G(f)$ は $\{(x, y) \mid x, y \in A,\ y{=}f(x)\}$ である．この集合に含まれる順序対 (x, y) は 関係 f を満たしているとみなせば，グラフ $G(f)$ は関係のグラフ（☞5.2.1 項）とみなすことができる [5]．すなわち，A 上の関数 $f(x) = y$ は A 上の2項関係 xfy にあたる．特に，恒等関数 id_A は恒等関係 I_A に対応している．

さらに，2つの関数 f_1，f_2 の合成 $f_2 \circ f_1$ が定義されているときには，2つの関数から2つの関係 R_1 と R_2 が定まり，それらの合成 $R_2 \circ R_1$ が定義される．

6.4.2 置換と全単射

4.3 節で述べた置換 σ は，関数の概念における集合 $A{=}\{a, b, c\}$ 上の全単射 σ に相当する．すなわち，

$$
\begin{array}{ll}
\text{置換} & \begin{pmatrix} a & b & c \\ \sigma(a) & \sigma(b) & \sigma(c) \end{pmatrix} \\
\text{関数} & a \mapsto \sigma(a), \quad b \mapsto \sigma(b), \quad c \mapsto \sigma(c)
\end{array}
$$

そして，恒等関数 id_A に相当する置換として，恒等置換 (identity permutation) $\varepsilon : x \mapsto x$ を定義できる．さらに，2つの関数 f_1，f_2 の合成 $f_2 \circ f_1$ が定義されているように，2つの置換 σ_1，σ_2 の合成 $\sigma_2 \cdot \sigma_1$ が定義されている．

以上のことから，関数，関係，置換の間には次表の対応が成り立つ．

---

[5] A 上の関数と関係に限らず，一般的には，関数 $f : A \to B$ を関係 $R \subset A \times B$ とみなすことができる．

	定義域等	要素間の対応	恒等	合成
6 章 関数 f	$A \to A$	$y=f(x)$	id_A	$f_2 \circ f_1$
5 章 関係 R	$A \times A$	$x\ R\ y$	I_A	$R_2 \circ R_1$
4 章 置換 σ	$A \to A$	$x \mapsto \sigma(x)$	ε	$\sigma_2 \cdot \sigma_1$

6.5 再帰関数

自然数 $n \in \mathbb{N}$ にその階乗 $n!$ を対応づける関数を $fact$ とする.

$$fact(n) = n! = n \times (n-1) \times \cdots \times 1$$

ただし, 0 の階乗は 1 とする. たとえば, $fact(3) = 3 \times 2 \times 1$ であり, $fact(4) = 4 \times \underline{3 \times 2 \times 1}$ である. このとき, 下線部は $fact(3)$ の右辺に他ならない. このことは, $n > 0$ についても成り立つ. すなわち, $fact(n) = n \times fact(n-1)$ が成り立つことから, この関数は次のように定義できる.

$$fact(n) = \begin{cases} 1, & n = 0 \text{ のとき} \\ n \times fact(n-1), & n > 0 \text{ のとき} \end{cases}$$

一般的に, ある関数 f_r の計算の中で, その関数 f_r が利用される場合, 関数 f_r を**再帰関数**あるいは**帰納的関数** (recursive function) という [6].

【例 6.11】 フィボナッチ関数 (Fibonacci Function)

次の再帰関数 Fib はフィボナッチ関数とよばれる.

$$Fib(n) = \begin{cases} 1, & n = 0 \text{ のとき} \\ 1, & n = 1 \text{ のとき} \\ Fib(n-2) + Fib(n-1), & n > 1 \text{ のとき} \end{cases}$$

この関数では次のようにして, $Fib(0)$, $Fib(1)$, $Fib(2)$, $Fib(3)$, $Fib(4)$ が計算される.

---

[6] プログラミングの分野では, f_r の利用を**再帰呼び出し**とよぶ.

$$Fib(0) = 1$$
$$Fib(1) = 1$$
$$Fib(2) = Fib(0)+Fib(1) = 1+1 = 2$$
$$Fib(3) = Fib(1)+Fib(2) = 1+2 = 3$$
$$Fib(4) = Fib(2)+Fib(3) = 2+3 = 5$$

このように，$Fib(n)$ の計算に，$Fib(n-2)$ と $Fib(n-1)$ の計算結果が再利用されている．

問 6.10　任意の自然数 n の総和 $0+1+2+\cdots+n$ をもとめる関数 sum を再帰関数として定義せよ．また，その再帰関数に基づきながら $sum(3), sum(4), sum(6)$ の各値を答えよ．

問 6.11　次の関数 $A(m, n)$ はアッカーマン関数 (Ackermann Function) とよばれる．

$$A(m,\ n) = \begin{cases} n+1, & m = 0 \text{ のとき} \\ A(m-1,\ 1), & m \neq 0, n = 0 \text{ のとき} \\ A(m-1,\ A(m,\ n-1)), & m \neq 0, n \neq 0 \text{ のとき} \end{cases}$$

このとき，$A(0,0)$，$A(0,1)$，$A(1,0)$，$A(1,1)$，$A(1,2)$ の各値を答えよ．

章末問題

6.1　2つの関数 $f : X \to Y$ と $g : Y \to Z$ の合成関数 $g \circ f$ が単射であるとき，f が単射であることを示せ．

6.2　一般的に，ある集合 A 上の関数から A 上の2項関係を定めることができる．逆に，ある2項関係 $R \subset A \times A$ から関数 $f : A \to A$ を定めることができるだろうか．理由とともに答えよ．

6.3 例 6.5 と同様の関数 $f : X \to Y$，X の部分集合 X_1, X_2 について，f が単射であるとき，次式が成り立つことを示せ．

$$f(X_1 \cap X_2) = f(X_1) \cap f(X_2)$$

6.4 定義域 $A = \{u, v, w\}$，終域 $B = \{x, y, z\}$ とする関数 $A \to B$ のうちで，全単射であるものは全部で何種類あるか答えよ．

6.5 $\mathbb{N}$ 上の 1 変数関数 $S(x) = x + 1$ を後者関数とよぶ．また，$\mathbb{N}$ 上の n 変数関数 $U_i^n(x_1, x_2, \ldots, x_n) = x_i$ $(1 \leqq i \leqq n)$ を射影関数とよぶ．このとき，次の合成関数の値をそれぞれ答えよ．

a) $(S \circ S)(2)$,　b) $(S \circ S)(x)$,　c) $(S \circ U_1^2)(2, 3)$,　d) $(S \circ U_2^3)(x, y, z)$

6.6 関数 $f : X \to Y$ の逆関数 $f^{-1} : Y \to X$ が存在するための必要十分条件は，f が全単射であることを証明せよ．

6.7 関数 $f : X \to Y$, $g : Y \to Z$ のとき，次式が成り立つことを示せ．

f, g がともに全単射ならば，$g \circ f$ は全単射である．

第 7 章
グラフの基礎

7.1 無向グラフ

7.1.1 グラフの表現

日常生活の中では，高速バス，鉄道，航空機の運行路線が，下図のような図表現で表されている．図中，○はバス停を，線分は路線をそれぞれ表す．この表現形式は数学的には**グラフ** (graph) であり，○は**頂点** (vertex) あるいは**点** (point)，線分は**辺** (edge) あるいは**枝** (branch) とよばれる．

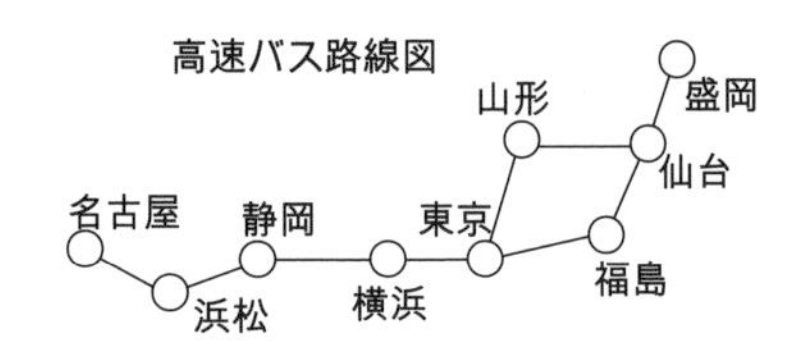

> **定義 7.1** グラフ
>
> グラフは，頂点の集合を V，辺の集合を E とした組 (V, E) からなる．
>
> $$G = (V, E) \qquad V: \text{頂点の集合}, \quad E: \text{辺の集合}\ E \subset \binom{V}{2}$$
>
> ここで，辺 $e \in E$ は，2 つの頂点 $v_1, v_2 \in V$ からなる $e = \{v_1, v_2\}$ であり，単に v_1v_2 と記されることもある．また，頂点の総数 $|V|$ を**位数** (order) という．

$\binom{V}{2}$ は集合 V の部分集合で，要素数が 2 個であるものの全体を表す（☞4.4

節）．そのため，辺 $e = \{v_1, v_2\} \in E$ は，$\{v_2, v_1\}$ とは同一視される[1]．このようなグラフは，後述する**有向グラフ**（☞7.3 節）と区別するために**無向グラフ** (undirected graph) とよばれる．

下図のように辺 $\{v_1, v_2\}$ の v_1 と v_2 は**端点** (end vertex) とよばれ，両端点を共有する辺が複数個あるとき，それらの辺は**多重辺** (multiple edges) とよばれる．また，両端点が同じ頂点になっている辺を**自己ループ** (self-loop) といい，多重辺や自己ループをもたないグラフを**単純グラフ** (simple graph) という．

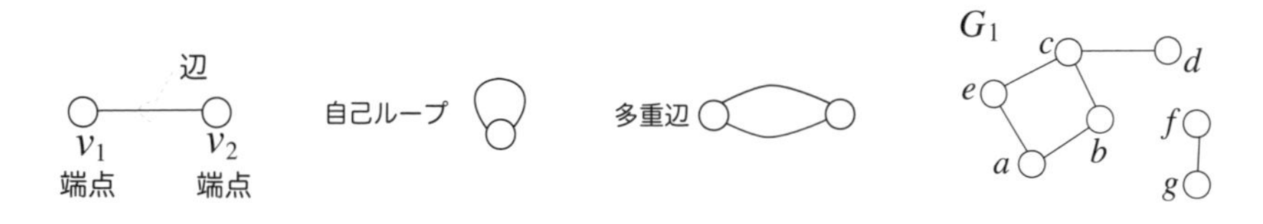

【例 7.1】 無向グラフの形式的定義

上図のグラフ G_1 の形式的な定義は次式となる．

$$
\begin{aligned}
G_1 &= (V_1, E_1) \\
V_1 &= \{a, b, c, d, e, f, g\} \\
E_1 &= \{\{a, b\}, \{a, e\}, \{b, c\}, \{c, d\}, \{c, e\}, \{f, g\}\}
\end{aligned}
$$

なお，辺に $e_1, e_2, \ldots, e_6$ のように名前がついている場合は，それらからなる集合 $\{e_1, e_2, \ldots, e_6\}$ を辺の集合 E とすることもある．

問 7.1　新幹線の路線図をもとに描いた下図のグラフ $G_2 = (V_2, E_2)$ の V_2 と E_2 を，頂点を駅名として，それぞれ外延的記法で表せ．

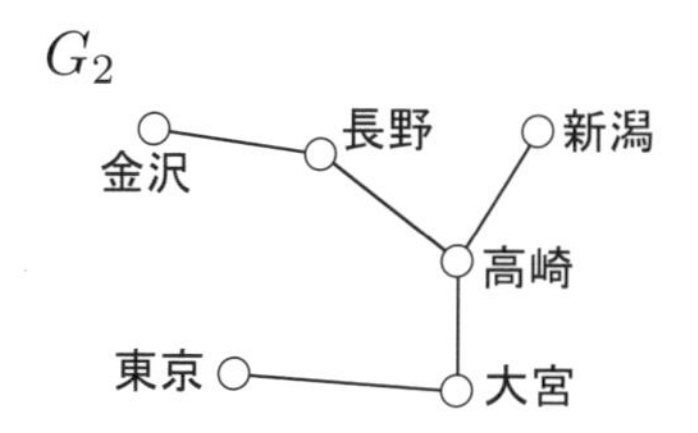

1) 集合の外延的記法において，要素の列挙順は問わないため（☞2.1.3 項）．

7.1.2 隣接と次数

グラフ $G = (V, E)$ の頂点 $v_1, v_2 \in V$ において，下図のように辺 $e_1 = \{v_1, v_2\} \in E$ であるとき，v_1 と v_2 は**隣接**する (adjacent) といい，辺 e_1 は v_1 と v_2 に**接続**する (incident) という．また，2つの辺が1つの端点を共有しているとき，それらの辺もまた隣接しているという．

グラフ G において，頂点 v が k 個の辺の端点でもあるとき，この k を v の**次数** (degree) という．つまり，頂点 v の次数とは，その頂点に接続している辺の総数である．グラフ G の v の次数を $\deg_G(v)$ と書く（G が明らかなときには単に $\deg(v)$ と記す）．たとえば，下図において頂点 v_3 の次数 $\deg_G(v_3)$ は4である．

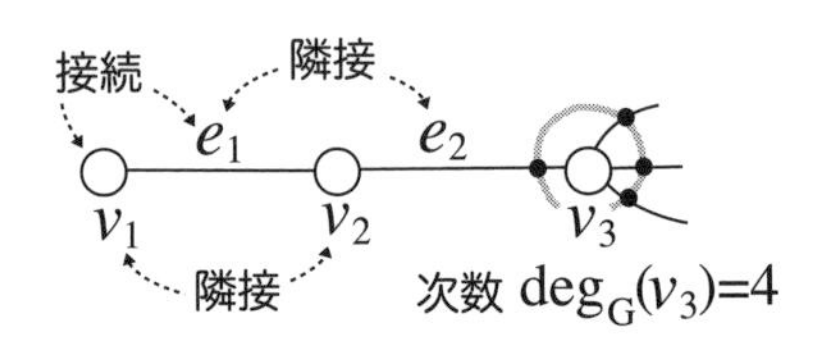

【例 7.2】 無向グラフの次数

例7.1の G_1 の頂点 a, b, c の次数は，それぞれ次のとおりである．その他の頂点の次数は右図の○の中の数である．

G_1 c③ ①d e② ② b f① a② 次数 g①

$$\deg_{G_1}(a) = 2, \qquad \deg_{G_1}(b) = 2, \qquad \deg_{G_1}(c) = 3$$

また，頂点 a と隣接しているのは頂点 b, e であり，頂点 c と隣接しているのは頂点 b, d, e である．そして，辺 $\{a, b\}$ と辺 $\{b, c\}$ は隣接しているが，辺 $\{f, g\}$ はどの辺とも隣接していない．

問 7.2　問7.1のグラフ G_2 について，各問に答えよ．

(a) 次数が最大の頂点と，その次数
(b) 「長野」と隣接している頂点
(c) 「大宮」を端点として共有している辺

問 7.3 右図のグラフ $G_3 = (V_3, E_3)$ の V_3 と E_3 を，それぞれ外延的記法で表すとともに，V_3 の各要素の次数を答えよ．

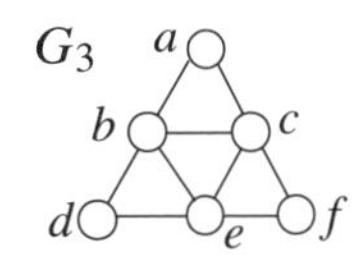

7.1.3 握手補題

グラフ $G = (V, E)$ において，辺の本数 $|E|$ と，各頂点 $v \in V$ の次数 $\deg_G(v)$ との間に次の命題が成り立ち，**握手補題**とよばれている．

補題 7.2 握手補題 (handshaking lemma)
グラフ $G = (V, E)$ について，次式が成り立つ．

$$\sum_{v \in V} \deg_G(v) = 2 \cdot |E|$$

【例 7.3】 握手補題
例 7.1 のグラフ G_1 において，頂点 a, b, c, d, e, f, g の次数は，それぞれ，$2, 2, 3, 1, 2, 1, 1$ である．すなわち，

$$\sum_{v \in V_1} \deg_{G_1}(v) = 2 + 2 + 3 + 1 + 2 + 1 + 1 = 12.$$

また，G_1 の辺の本数は 6 であり，$2 \cdot |E_1| = 2 \times 6 = 12$.
これらより，握手補題が成り立つことが確かめられる．

問 7.4 問 7.3 のグラフ G_3 について，$\sum_{v \in V_3} \deg_{G_3}(v)$ と $2 \cdot |E_3|$ を，それぞれ求め，握手補題が成り立つことを確かめよ．

7.1.4 歩道，小道，道

グラフ $G = (V, E)$ の頂点列 $P : v_1, \ldots, v_i, v_{i+1}, \ldots, v_k$ が $\{v_i, v_{i+1}\} \in E$, $1 \leqq i \leqq k-1$ を満たすとき，P を v_1 から v_k への**歩道** (walk) とよび，v_1 を**始点**，v_k を**終点**という．歩道 P における辺の本数 $k-1$ を P の**長さ** (length)

とする．たとえば，下図の場合，頂点列 v_1, v_2, v_3, v_4 は長さ3の歩道であり，その始点と終点はそれぞれ v_1 と v_4 である．なお，特別な歩道として，一つの頂点 v_1 だけからなる場合も考え，その長さは0とする．

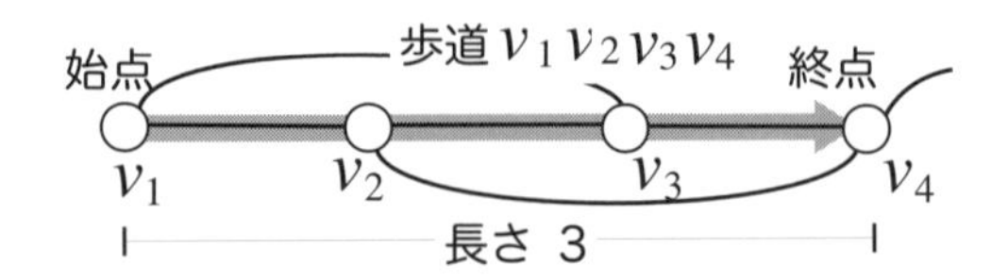

もし，始点と終点の両者が同じであれば，歩道 P は**閉じている**という．たとえば，下図において，頂点列 $v_1, v_2, v_3, v_4, v_3, v_1$ は長さ5の閉じている歩道であり，始点と終点はともに v_1 である．

このように，歩道は（グラフの辺や頂点）を自由に歩き回ったときの歩行の軌跡（道順）である[2)]．これに対して，歩道 P に同じ辺が含まれていない（同じ辺を通らない）とき，P を**小道** (trail) という．閉じた小道を**回路** (circuit) とよぶこともある．また，歩道 P のすべての頂点が異なる（ただし，$v_1 = v_k$ でもよい）とき，**道** (path) または**路**という．特に，回路 P の頂点が相異なる（始点と終点は同じでよい）とき，P を**閉路** (cycle) という．たとえば，下図の v_1, v_2, v_3, v_1 は閉路である．

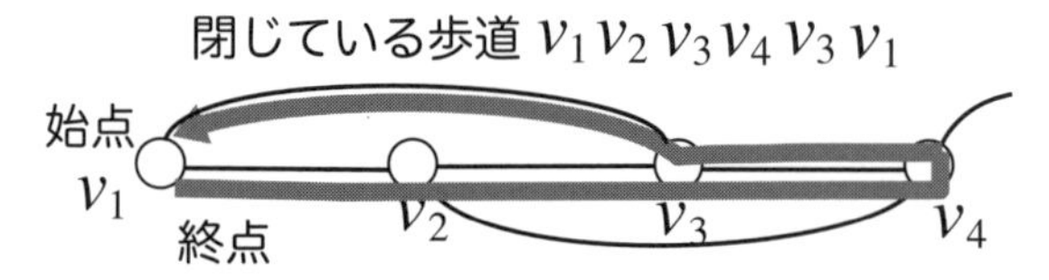

【例 7.4】 歩道，道と閉路

次図の G_4 の場合，v_4 を始点とした歩道 $\underline{v_4}, v_3, v_5, v_6, \underline{v_4}, v_2$ は，同じ辺を含まないため小道である．しかしながら，始点の v_4 を再び通るので道ではない．

一方，v_7 を始点とした歩道 $v_7, v_8, v_{10}, v_9, v_7$ は始点と終点がともに v_7 で，その他には同じ頂点を含まないため道であり，閉路でもある．加えて，同じ辺を含んでいない閉じた歩道であるため，回路でもある．

---

2) ここで，「自由」とは同じ頂点や同じ辺を何度も歩いてよいという意味である．

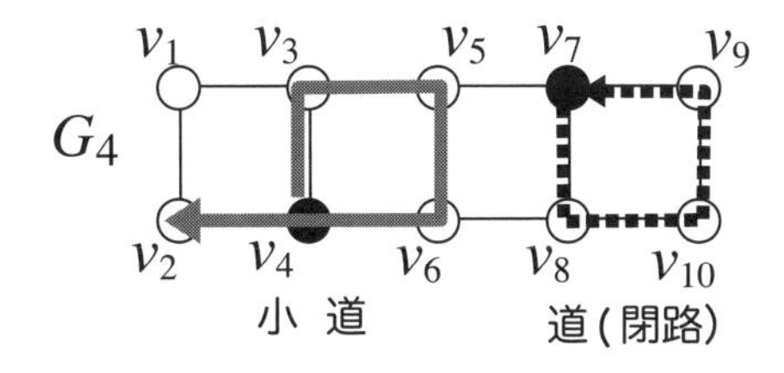

歩道の分類

歩道は，頂点と辺の通り方に応じて，小道，道，回路，閉路と呼び分けされる．それらは，次表のように「同じ頂点（辺）がある・ない」，「始点と終点が一致・不一致」によって区別される．ここで，［　］内は，始点と終点が同じ場合の呼び名である．

<table>
<tr><td colspan="2" rowspan="2"></td><td colspan="2">辺の重複</td></tr>
<tr><td>ある</td><td>なし</td></tr>
<tr><td rowspan="2">頂点の重複</td><td>ある</td><td>歩道 (walk)</td><td>歩道 (walk)，小道 (trail)
［回路 (circuit)］</td></tr>
<tr><td>なし</td><td></td><td>歩道 (walk)，小道 (trail)，道 (path)
［回路 (circuit)，閉路 (cycle)］</td></tr>
</table>

すなわち，「小道（道）」は同じ辺（頂点）は歩かないときの歩行の記録であり，「回路（閉路）」は同じ辺（頂点）は歩かないようにして出発点に戻ったときの歩行の記録である．

問 7.5　例 7.1 の G_1 において，次の 3 つの歩道，

$$P_1 : d, c, e, \qquad P_2 : d, c, e, a, b, c, \qquad P_3 : d, c, e, a, b, c, d$$

の長さは，それぞれ長さ 2，長さ 5，長さ 6 である．各歩道が，「小道，道，小道・道のどちらでもない」のいずれであるかどうかを答えよ．また，長さ 4 の閉路を一つ答えよ．

7.1.5　距離と直径

無向グラフ G において，2 頂点間の**距離** (distance) をその頂点間の最小の道

の長さと定義する．また，G の任意の 2 頂点間の距離のうち最大値を G の**直径** (diameter) という．

【例 7.5】 距離と直径

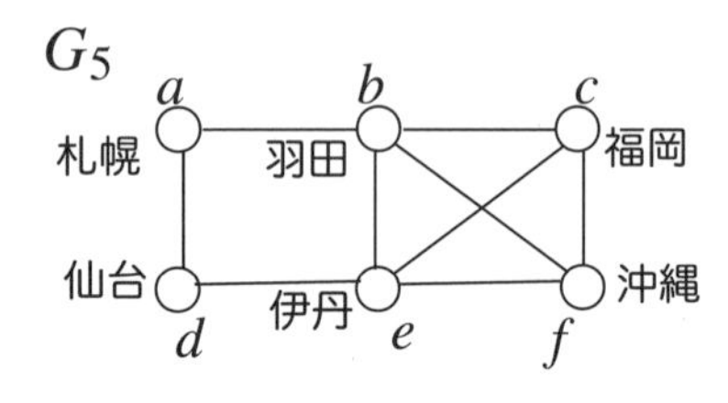

上図は，航空路線をグラフ G_5 として表したものである．たとえば，「a（札幌），b（羽田），e（伊丹），f（沖縄）」は長さ 3（フライト回数）の道（乗り継ぎ経路）であり，小道でもある．一方，「a（札幌），b（羽田），e（伊丹），d（仙台），a（札幌）」は長さ 4 の道であり，閉路（周回路）でもある．なお，G_5 の a（札幌）と f（沖縄）の距離は 2 であり，この距離は G_5 の直径でもある．つまり，同図の任意の 2 都市を移動するのに必要な便数は少なくとも 2 である．

問 7.6　右図のグラフ G_6 について，次の問に答えよ．

(a) 頂点 v_1 と頂点 v_8 の距離．
(b) 頂点 v_2 と頂点 v_6 の距離．
(c) グラフの直径．
(d) v_2 から v_8 までの長さが最大の道．

7.2　グラフの連結性

7.2.1　部分グラフと誘導部分グラフ

グラフ $G = (V, E)$ に対し，$V' \subset V$ と $E' \subset E$ の作る $G' = (V', E')$ がグラフであるとき，つまり，任意の辺 $e' \in E'$ の両端点が V' に属するとき，G' を G の**部分グラフ** (subgraph) という．

グラフ $G = (V, E)$ の部分グラフ $G' = (V', E')$ において，特に，V' の任意の 2 つの頂点 u, v を端点とする辺 $\{u, v\} \in E$ がすべて E' に含まれているとき，すなわち，

$$E' = \{e \mid u, v \in V', e{=}\{u, v\} \in E\}$$

であるとき，G' は G の V' による**誘導部分グラフ** (induced subgraph) であるという．

【例 7.6】 部分グラフと誘導部分グラフ

下図の $G_7 = (V_7, E_7)$ に対して，$V'_7 = \{a, b, c, f\}$（図中の塗りつぶされた領域の 4 頂点），$E'_7 = \{\{a, c\}, \{b, c\}, \{c, f\}\}$ とした $G'_7 = (V'_7, E'_7)$ は，G_7 の部分グラフであるが，誘導部分グラフではない．なぜならば，$\{a, b\} \in E_7$ であるが，$\{a, b\} \notin E'_7$ であるからである．

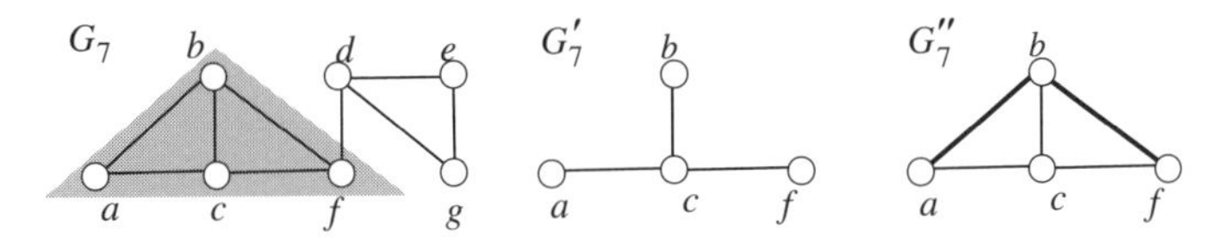

一方，E'_7 に 2 本の辺（図中の太線）を追加した $E''_7 = E'_7 \cup \{\{a, b\}, \{b, f\}\}$ からなる $G''_7 = (V'_7, E''_7)$ は，任意の V'_7 の 2 つの要素 u, v について，$\{u, v\} \in E_7$ であれば，$\{u, v\} \in E''_7$ であるため，G_7 の誘導部分グラフである．

問 7.7 例 7.6 のグラフ G_7 について，部分グラフ（G'_7 以外で誘導部分グラフではないもの）と誘導部分グラフ（G''_7 以外）をそれぞれ例示せよ．

7.2.2 連結グラフ

グラフ G の部分グラフの $G'{=}(V', E')$ の任意の 2 頂点の間に道が存在するときには，部分グラフ G' を G の**連結成分** (connected component) あるいは単に**成分**という．とくに，$G = (V, E)$ において，任意の 2 頂点の間に道が存在するとき，いいかえると，G がただ一つの連結成分からなるとき，G を**連結グラフ**

(connected graph) あるいは単に**連結**といい，そうではないグラフを**非連結グラフ** (disconnected graph) という．

【例 7.7】 連結グラフ

下図の G_8 では，頂点集合 $\{a, b, c, d\}$ の任意の2つの要素の間であれば道が存在する．同様に $\{f, g\}$ の任意の2つの要素の間であれば道が存在する．いずれも連結成分である．さらに，1つの頂点からなる $\{e\}$ もまた連結成分とみなされる．したがって，G_8 は3つの連結成分からなる非連結グラフである．

また，例 7.4 の G_4 と例 7.6 の G_7 は，いずれも任意の2頂点の間に道が存在するため，ともに連結グラフである．

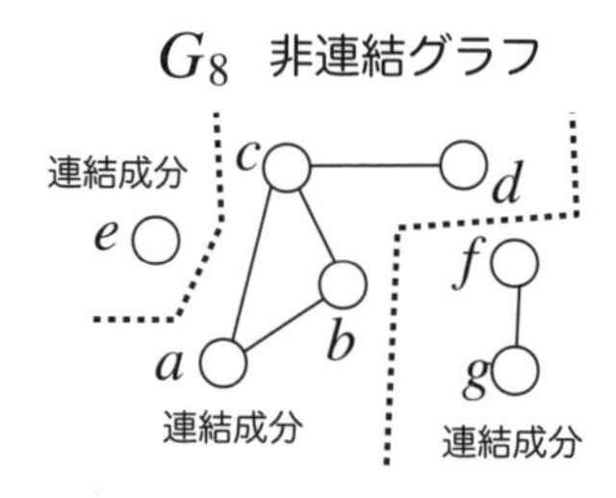

グラフの連結関係

無向グラフ $G = (V, E)$ の連結成分を同値関係を導入して定めることもできる．いま，2頂点 $u, v \in V$ の間に道が存在するとき，u と v は連結しているとし，2項関係「$u \twoheadrightarrow v$」が成り立つと定める．特別な場合として，$u = v$ のとき，すなわち，任意の頂点は自分自身と連結していて，$u \twoheadrightarrow u$ が成り立つとする[3]．

この関係 $\twoheadrightarrow$ は同値関係であり，これによって，V を互いに素な集合（同値類）$V_1, V_2, \ldots, V_n$ に分割することができる．このとき，同値類 V_i $(1 \leqq i \leqq n)$ から生成される誘導部分グラフが G の連結成分にあたる．さらに，V の任意の2頂点が関係 $\twoheadrightarrow$ を満たすとき，すなわち，同値類がただ1つ (n=1) で

[3] 各頂点に自己ループがなくても $u \twoheadrightarrow u$ は成り立つ．

あるとき，G は連結グラフである．

問 7.8 連結関係 $\twoheadrightarrow$ が同値関係であることを示せ．

7.2.3 切断点と橋

連結グラフ $G = (V, E)$ において，ある頂点 v と v に接続しているすべての辺を取り除いて得られた部分グラフ G' が，連結グラフではなくなるとき，v を**切断点**（カットポイント）(cut point) という．同様に，ある辺 e を取り除いた（e の端点は残す）部分グラフ G' が，連結グラフではなくなるとき，e を**橋**（ブリッジ）(bridge) という．

【例 7.8】 切断点と橋

例 7.6 の G_7 において，たとえば，頂点 f を取り除くと下図のように 2 つの連結成分に分割されることから，f は切断点である．

また，G_7 の辺 $\{d, f\}$ を取り除いてもまた 2 つの連結成分に分割されることから，辺 $\{d, f\}$ は橋である．

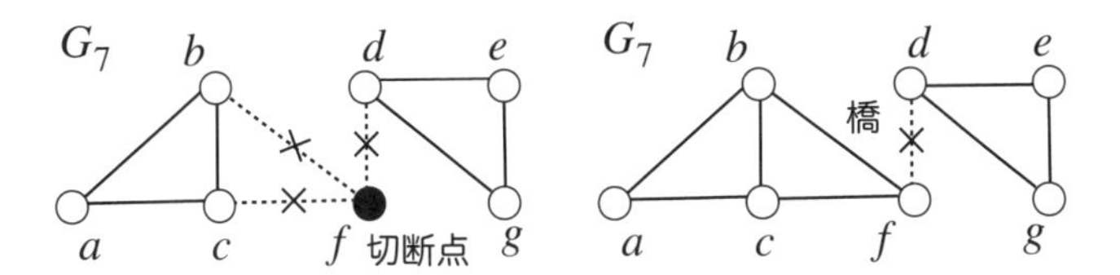

切断点と橋の役割

たとえば，例 7.6 の G_7 が，鉄道に代表される交通網であった場合，頂点と辺は，それぞれ駅と線路（レール）にあたる．このとき，「切断点」は，事故や災害で機能不全になったときに交通網が分断される駅（たとえば，f）にあたる．また，「橋」は，事故や災害で断線したときに交通網が分断される線路（たとえば，$\{d, f\}$）にあたる．

同様なことは，コンピュータ・ネットワーク（通信網），水道やガスの配管網における中継点や分岐点（切断点に相当），ケーブルや配管（橋に相当）にあてはまる.

問 7.9　例 7.8 の他に，G_7 の切断点と橋が存在していれば，例示せよ.

7.2.4 オイラーグラフ

グラフの「各辺をちょうど1回だけ通る小道」を**オイラー小道** (Euler trail)，同様に，「各辺をちょうど1回だけ通る回路」を**オイラー回路** (Euler circuit) という．オイラー回路が存在するグラフを**オイラーグラフ**という.

オイラー小道とオイラー回路の必要十分条件

無向グラフ G にオイラー小道が存在するための必要十分条件を次に示す.

G が連結で，次数が奇数である頂点が 0 または 2 個である.

そして，無向グラフ G がオイラーグラフである（オイラー回路が存在する）ための必要十分条件は次のとおり.

G が連結で，すべての頂点の次数が偶数である.

オイラーグラフである場合，そのグラフを**一筆書き**することができる.

ケーニヒスベルクの橋

グラフ理論の源は，次図 (a) に示す**ケーニヒスベルク**[4](Königsberg) の7つの橋にあるとされている．1736 年に数学者オイラー[5] は，「ある地点から出発し，7つの橋をちょうど一回ずつ渡る（もとの地点にもどらなくてもよい）ことができるかどうか？」という問題に対して，7つの橋を辺とし，橋の両側の地点を頂点とする次図 (b) のグラフを描き，このグラフにオイラー小道が存在しない（一筆書きできない）ことを証明することで解決した.

---

[4] 現在のロシア連邦の都市 Kaliningrad．哲学者カントが生まれた地としても有名.
[5] Leonhard Euler (1707–1783)　スイスの数学者.

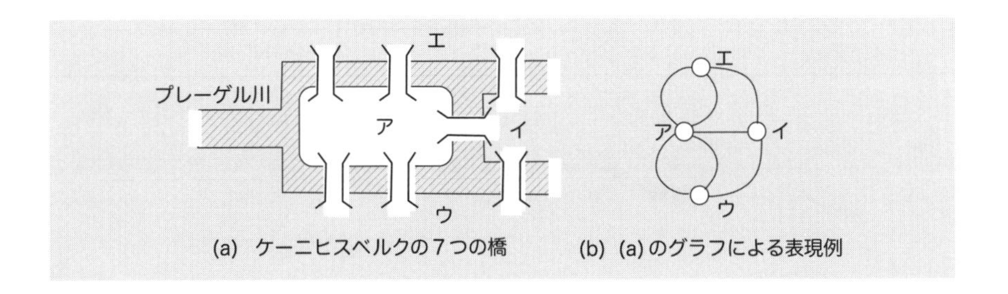

(a) ケーニヒスベルクの７つの橋　(b) (a) のグラフによる表現例

【例 7.9】 オイラー小道

例 7.5 の G_5 は連結であり，各頂点の次数は下図の○中の数のとおり，次数が奇数の頂点が c, f の 2 個である．そのため，すべての路線に一度ずつ搭乗するオイラー小道が存在する．それは，福岡から出発して，灰色の太線のように経由して沖縄に到着する小道 $c, b, e, d, a, b, f, e, c, f$ である．

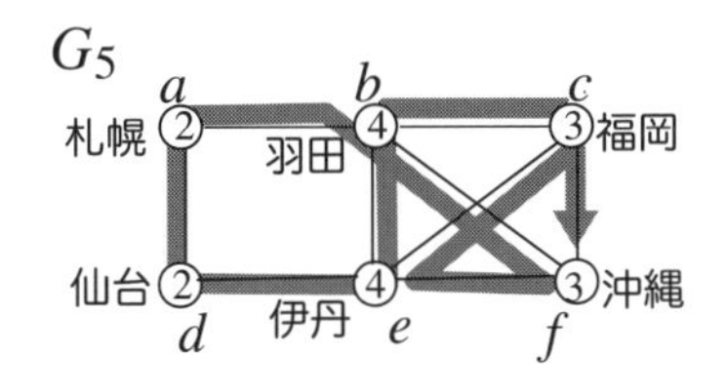

問 7.10 次図は格子状に建設された道路の地図である．A 地点を出発点，B 地点を終着点として，すべての道路を除雪したい．各道路 (路地) を一度だけ走行して，すべての道路を除雪することが可能であるかどうかを判定せよ．

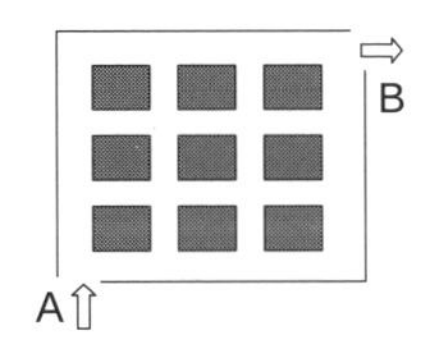

7.2.5 ハミルトン閉路

オイラー回路と同じような概念に，次のハミルトン道（閉路）がある．与えられたグラフの「各頂点をちょうど 1 回だけ通る道（または閉路）」を**ハミルト**

ン道 (Hamilton path) または**ハミルトン閉路** (Hamilton cycle) という．

ある無向グラフ G にハミルトン閉路が存在するかどうかの必要十分条件はまだ知られておらず，ハミルトン道が存在するための十分条件が示されている．

ハミルトン道の十分条件

グラフ G にハミルトン道が存在するための十分条件は次のとおり．

> G の位数（頂点の総数）が n であるとき，G の隣接していない任意の2頂点の次数の和が $n-1$ 以上であるならば，G にハミルトン道が存在する．

十分条件であることから，この条件を満足しないグラフであっても，ハミルトン道が存在することもある．

【例 7.10】 ハミルトン道

例 7.5 の G_5 には，a（札幌），b（羽田），c（福岡），f（沖縄），e（伊丹），d（仙台）のハミルトン道が存在する．G_5 の位数は 6 で，隣接していない 2 頂点（たとえば，a と c）の次数の和は，いずれも 5 以上であり上述の十分条件が成り立つ．

これに対して，右図のグラフ（問 7.3 の G_3）には，ハミルトン道 a, b, d, e, f, c が存在するが，隣接していない 2 頂点の次数の和は，たとえば，a と d の次数の和は 4 であり，(位数) $-1=5$ よりも小さく，十分条件を満たしていない．

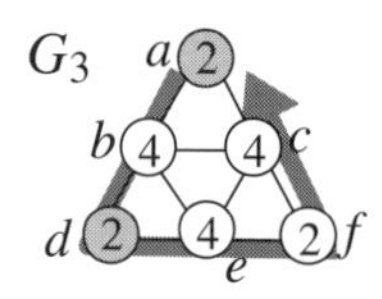

問 7.11　例 7.5 のグラフ G_5 について，各問について，あてはまる歩道をそれぞれ 1 つ答えよ．

(a) オイラー小道，　(b) オイラー回路，　(c) ハミルトン路，
(d) b（羽田）を始点とするハミルトン閉路

7.2.6 完全グラフ

相異なる任意の 2 つの頂点が隣接している無向グラフ $G = (V, E)$ を**完全グラフ** (complete graph) という．$|V| = n$ の完全グラフを K_n と書くこともある．とくに，n=1 の K_1 を自明なグラフ（一つの頂点からなるグラフ）とよぶこともある．

【例 7.11】 完全グラフ K_4, K_5

位数が 4 個と 5 個の完全グラフ，すなわち，K_4 と K_5 を下図に示す．いずれのグラフにおいても，任意の 2 つの頂点は，ある辺の端点になっており隣接している．

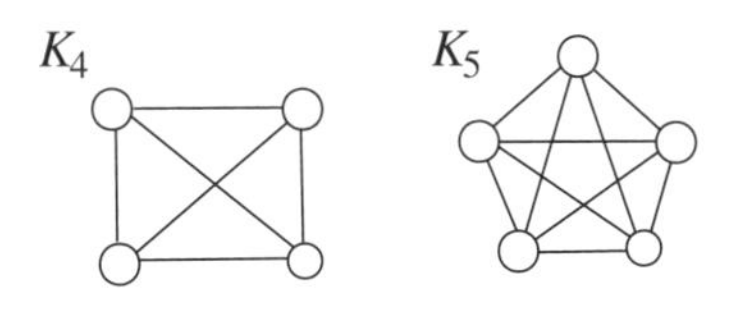

問 7.12　K_2, K_3, K_6 の図をそれぞれ描け．

7.2.7 同型と同型写像

2 つのグラフ $G = (V, E)$ と $G' = (V', E')$ について，V から V' への全単射 ψ があって，

$$\{u, v\} \in E \iff \{\psi(u),\ \psi(v)\} \in E'$$

が成り立つとき G と G' は**同型** (isomorphic) であるといい，$G \cong G'$ とかく．このときの ψ を**同型写像** (isomorphism) あるいは**同型対応**という．

【例 7.12】 同型と同型写像

$K_4 = (V_{K_4}, E_{K_4})$ と次図の $K'_4 = (V'_{K_4}, E'_{K_4})$ については，たとえば，次の ϕ が同型写像 $\phi : V_{K_4} \to V'_{K_4}$ であることから，両者は同型，すなわち，$K_4 \cong K'_4$ である（V_{K_4}=$\{a, b, c, d\}, V'_{K_4}$=$\{x, y, z, w\}$）．

$$\phi(a)=z \qquad \phi(b)=x \qquad \phi(c)=y \qquad \phi(d)=w$$

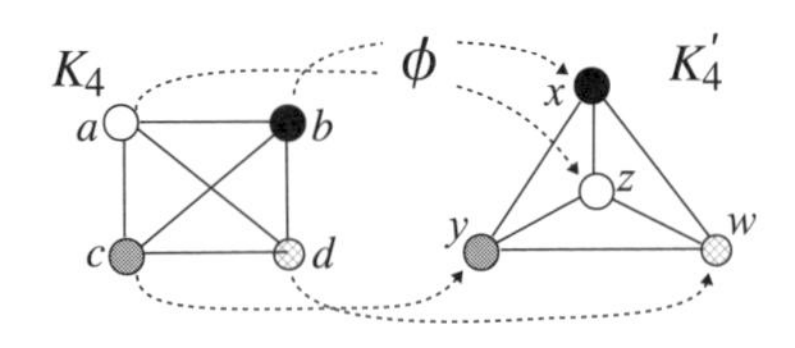

問 7.13　例 7.12 であげられた K_4 と K_4' の同型写像は ϕ 以外にも存在する．他の同型写像 ϕ' を答えよ．

問 7.14　下図のグラフの中から，同型なグラフどうしの組合せをすべて答えよ．

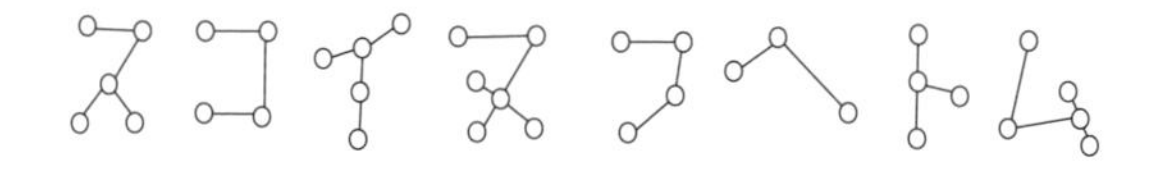

7.3　有向グラフ

7.3.1　有向グラフの用語

グラフ $G = (V, E)$ において，辺の方向を考える，すなわち，ある辺の端点 v_1 と v_2 について，「v_1 から v_2 へ」といった方向を定めたグラフを**有向グラフ** (directed graph, digraph) という．

定義 7.3　有向グラフ

有向グラフは，頂点の集合を V，**有向辺** (directed edge) の集合を E とした組 (V, E) からなる．

$$G = (V, E) \qquad V : \text{頂点の集合}, \quad E : \text{有向辺の集合 } E \subset V \times V$$

ここで，有向辺 $e \in E$ は，2 つの頂点 $v_1, v_2 \in V$ からなる順序対 $e = (v_1, v_2)$ であり，v_1から v_2 へと向きを定める．

辺を表す順序対 $(v_1, v_2) \in E$ において，v_1 と v_2 をそれぞれ，**始点** (head, initial vertex)，と**終点** (tail, terminal vertex) という．方向をもつ有向辺は**弧** (arc) ともよばれ，下図のように方向に合わせて線分に矢印が付けられる．

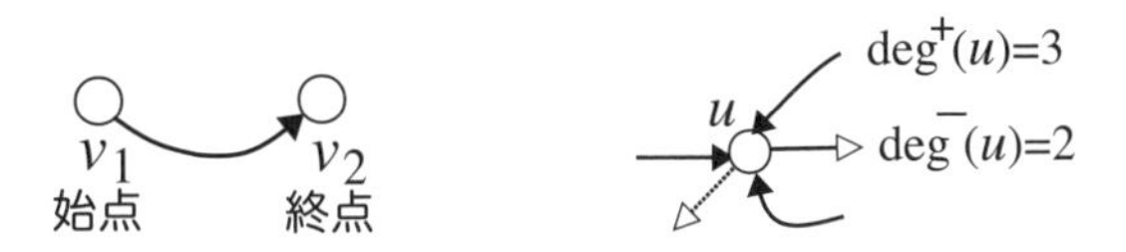

有向グラフ $G = (V, E)$ においても，無向グラフと同様に頂点の次数は定義されるが，さらに，次数は辺の向きによって入次数(いりじすう)と出次数(でじすう)に分けられる．頂点 $v \in V$ の**入次数** (in-degree) は v が有向辺の終点となっている総数であり，$\deg_G^+(v)$ と表される．一方，v の**出次数** (out-degree) は v が有向辺の始点となっている総数であり，$\deg_G^-(v)$ と表される．いいかえると，入次数 $\deg_G^+(v)$ は頂点 v に入ってくる有向辺の個数であり，出次数 $\deg_G^-(v)$ は頂点 v から出ている有向辺の個数である．上図の頂点 u については，入次数 $\deg_G^+(u) = 3$，出次数 $\deg_G^-(u) = 2$ である．

【例 7.13】 有向グラフの形式的定義

次式の有向グラフ G_9 の図表現を右図に示す．

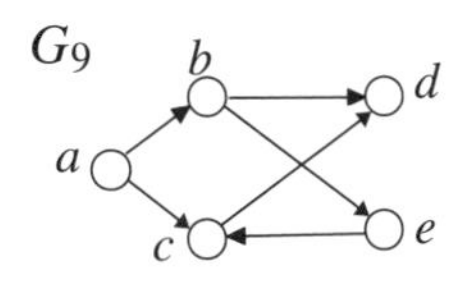

$$G_9 = (V_9, E_9)$$
$$V_9 = \{a, b, c, d, e\}$$
$$E_9 = \{(a, b), (a, c), (b, d), (b, e), (c, d), (e, c)\}$$

G_9 の各頂点の入次数および出次数はそれぞれ次のようになる．

$\deg^+_{G_9}(a)=0$,　$\deg^+_{G_9}(b)=1$,　$\deg^+_{G_9}(c)=2$,　$\deg^+_{G_9}(d)=2$,　$\deg^+_{G_9}(e)=1$
$\deg^-_{G_9}(a)=2$,　$\deg^-_{G_9}(b)=2$,　$\deg^-_{G_9}(c)=1$,　$\deg^-_{G_9}(d)=0$,　$\deg^-_{G_9}(e)=1$

問 7.15　下図のグラフ G_{10} の形式的定義と，各頂点の入次数と出次数をそれぞれ答えよ．

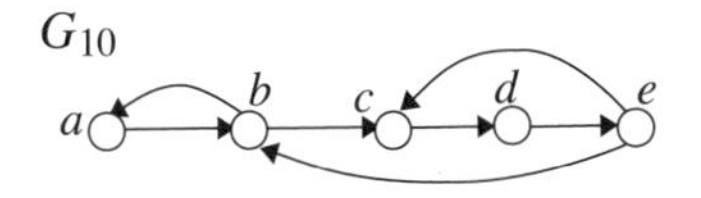

歩道，小道，道，閉路，長さという用語は，有向グラフの場合にもあてはまるが，有向グラフの場合は有向辺 (v, u) の向きが v から u と定められていることに注意せよ．

【例 7.14】 有向グラフの小道と道

下図の有向グラフ G_{11} において，たとえば，歩道 b, a, c, d は長さ 3 の小道であり，道でもある．一方，歩道 d, a, c, b, a は長さ 4 の小道であるが，頂点 a を重複して訪れているので道ではない．また，歩道 a, c, d, a は長さ 3 の閉路である．

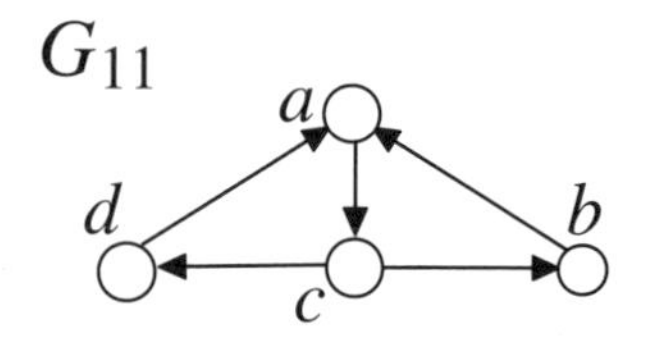

問 7.16　問 7.15 の有向グラフ G_{10} について次の問いにあてはまる歩道があれば，それぞれ 1 つ答えよ．

(a) 長さ 4 の道，　(b) 長さ 3 以上の閉路，

(c) 長さ 5 以上の閉じた歩道．

7.3.2 強連結グラフ

有向グラフ G において，向きを無視して得られる無向グラフが連結であるとき，**弱連結グラフ**という．さらに，有向グラフ G において，任意の 2 頂点 u, v に，u から v ならびに v から u への道があるとき，G は**強連結グラフ** (strongly connected graph) あるいは単に**強連結**という．

【例 7.15】 強連結グラフ

次図の G_{12} は強連結グラフである．一方，G_{13} は強連結ではない．

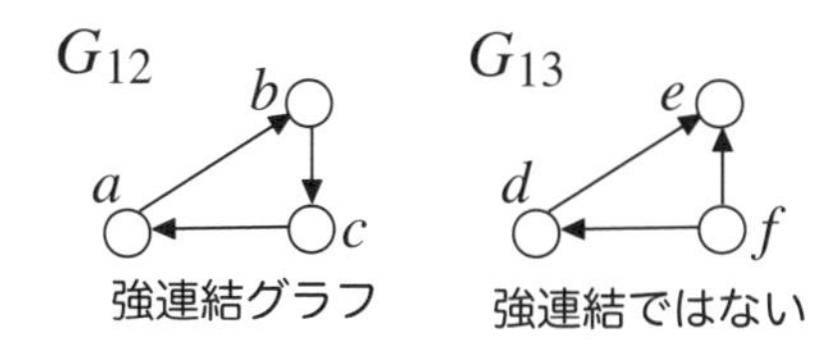

問 7.17 例 7.14 の G_{11} が強連結かどうかを判定せよ.

7.4 グラフの行列表現

7.4.1 隣接行列

グラフを行列で表すと，グラフのもつ諸性質を行列演算で解析することが可能となる．ここでは，隣接している頂点どうしの関係を表した**隣接行列** (adjacent matrix) を用いた解析法を述べる．グラフ $G=(V,E)$ の隣接行列 $\boldsymbol{A_G}$ は $|V| \times |V|$ 型の正方行列で「0 または 1」を要素とする **0-1 行列** (0-1 matrix) である（☞付録 A.5 項）.

定義 7.4 0-1 値行列

グラフ $G=(V,E)$ の隣接行列 $\boldsymbol{A_G}$ の (i,j) 成分 a_{ij} は，無向グラフの場合と有向グラフの場合とで次のように異なる．

無向グラフの場合

$$a_{ij} = \begin{cases} 1, & \{v_i, v_j\} \text{ のとき.} \\ 0, & \text{それ以外のとき.} \end{cases}$$

有向グラフの場合

$$a_{ij} = \begin{cases} 1, & (v_i, v_j) \in E \text{ のとき.} \\ 0, & \text{それ以外のとき.} \end{cases}$$

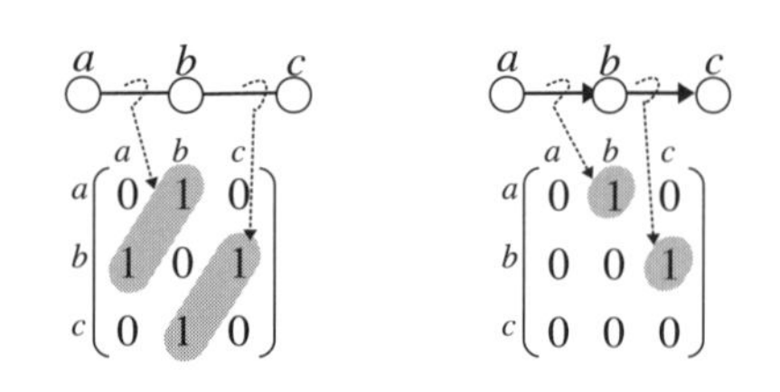

隣接行列と次数

無向グラフの場合は，2つの頂点 v_i と v_j が隣接している，すなわち，v_i と v_j を端点とする辺が存在するときに，「第 i 行，第 j 列」と「第 j 行，第 i 列」がともに1になるため，第 i 行（または第 i 列）の和（整数としての和）は，頂点 i の次数にあたる．

一方，有向グラフの場合には，有向辺の向きを考慮して，$(v_i, v_j) \in E$ のときに限り，a_{ij} を1とする．すなわち，始点 v_i は第 i 行，終点 v_j は第 j 列に対応する．そのため，各行の和は各頂点の出次数，各列の和は各頂点の入次数にそれぞれ対応している．

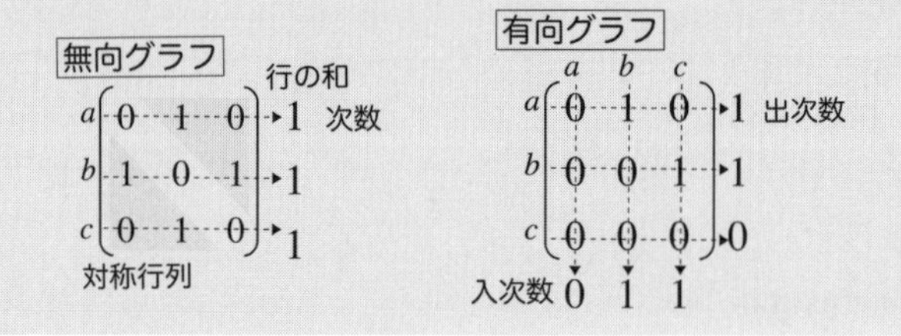

【例 7.16】 隣接行列

例 7.5 のグラフ G_5 の隣接行列 $\boldsymbol{A}_{\boldsymbol{G_5}}$ は次のとおり．ここで，「札，仙，羽，伊，福，沖」は，それぞれ，「札幌，仙台，羽田，伊丹，福岡，沖縄」を表す．

$$\begin{array}{c} \quad 札\ 仙\ 羽\ 伊\ 福\ 沖 \\ \boldsymbol{A}_{\boldsymbol{G}_5} = \left[\begin{array}{cccccc} 0 & 1 & 1 & 0 & 0 & 0 \\ 1 & 0 & 0 & 1 & 0 & 0 \\ 1 & 0 & 0 & 1 & 1 & 0 \\ 0 & 1 & 1 & 0 & 1 & 1 \\ 0 & 0 & 1 & 1 & 0 & 1 \\ 0 & 0 & 0 & 1 & 1 & 0 \end{array}\right] \begin{array}{l} 札 \\ 仙 \\ 羽 \\ 伊 \\ 福 \\ 沖 \end{array} \end{array}$$

この行列の成分が1である，たとえば，1行2列は「札幌（1行目）から仙台（2列目）への路線」を表す．また，「行」に注目して1の成分をみたとき，たとえば，6行目（沖縄）の場合，「沖縄から伊丹（4列目）と福岡（5列目）への路線」があることがわかる．

問 7.18 例7.1の G_1 の隣接行列を求めよ．

7.4.2 隣接行列の演算

隣接行列は0-1行列であり，隣接行列 $\boldsymbol{A_1}$, $\boldsymbol{A_2}$ の和 $\boldsymbol{A_1} \oplus \boldsymbol{A_2}$ や積 $\boldsymbol{A_1} \otimes \boldsymbol{A_2}$ は0-1行列の演算（☞付録A.5項）にしたがう．

この隣接行列と連結性について次の命題が成り立つ[1]．

命題 7.5 隣接行列と連結性

グラフ $G = (V, E)$ から生成された隣接行列 $\boldsymbol{A_G}$ から積 $\boldsymbol{A_G}^{\langle m \rangle}$ $(1 \leqq m \leqq n{-}1, n = |V|)$ の要素 a_{ij} が1であることと，頂点 $v_i \in V$ から頂点 $v_j \in V$ へちょうど長さ m の歩道が存在することは，同値である．

ここで，$\boldsymbol{A_G}^{\langle m \rangle}$ は，m 個の $\boldsymbol{A_G}$ の $\otimes$ による積である．なお，$\boldsymbol{A_G}^{\langle m \rangle}$ を添え字との混同を避けるために $(\boldsymbol{A_G})^{\langle m \rangle}$ とも書くことにする．

隣接行列と可達性

上述の命題は，グラフ G において，次図のように頂点 v_i から頂点 v_j への長さが m $(1 \leqq m \leqq n{-}1)$ の歩道が存在するとき，そしてそのときのみ，

G の隣接行列 $(\boldsymbol{A}_G)^{\langle m\rangle}$ の i 行 j 列の成分が 1 になることを表す．このとき，v_j は v_i から**可達** (reachable) であるともいう．グラフにおいて，2 つの頂点が可達かどうか（2 つの頂点を始点と終点とする道（重複する頂点のない歩道）が存在するかどうか）の判定法については，7.4.3 項で再び述べる．

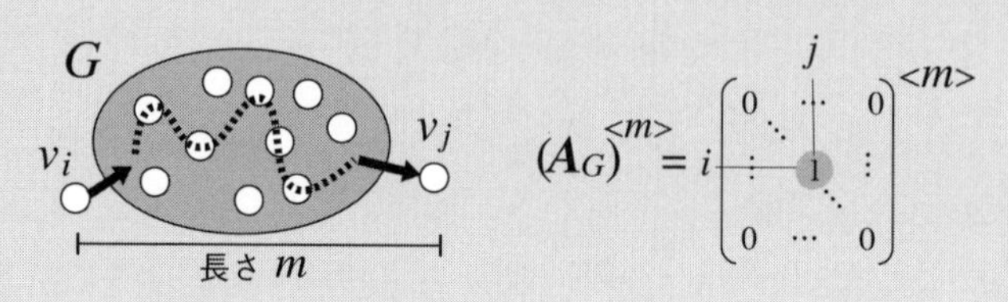

【例 7.17】 隣接行列と連結性

例 7.5 の空港を下図のように「札幌，仙台，羽田，伊丹」だけとしたときのグラフ，すなわち，G_5 の部分グラフ G_5' の隣接行列を $\boldsymbol{A_5}$ とする．

$$\boldsymbol{A_5}=\begin{bmatrix} 0 & 1 & 1 & 0 \\ 1 & 0 & 0 & 1 \\ 1 & 0 & 0 & 1 \\ 0 & 1 & 1 & 0 \end{bmatrix}$$

（列の順：札 仙 羽 伊）

G_5'

札幌　羽田　仙台　伊丹

この $\boldsymbol{A_5}$ は，1 回のフライトで移動可能な空港どうしが「1」で表されている．そして，$(\boldsymbol{A_5})^{\langle 2\rangle}=\boldsymbol{A_5}\otimes\boldsymbol{A_5}$ によって，2 回のフライトで移動可能な空港どうしが求められ，さらには $(\boldsymbol{A_5})^{\langle 3\rangle}$ によって 3 回のフライトで移動可能な空港どうしが，それぞれ次のように求められる．

$$(\boldsymbol{A_5})^{\langle 2\rangle}=\begin{bmatrix} 1 & 0 & 0 & 1 \\ 0 & 1 & 1 & 0 \\ 0 & 1 & 1 & 0 \\ 1 & 0 & 0 & 1 \end{bmatrix},\qquad (\boldsymbol{A_5})^{\langle 3\rangle}=\begin{bmatrix} 0 & 1 & 1 & 0 \\ 1 & 0 & 0 & 1 \\ 1 & 0 & 0 & 1 \\ 0 & 1 & 1 & 0 \end{bmatrix}$$

（各行列の列の順：札 仙 羽 伊）

たとえば，$(\boldsymbol{A_5})^{\langle 2\rangle}$ の 1 行 4 列目より，札幌からは 1 回の乗り継ぎで伊丹へ移動可能であることがわかる．また，$(\boldsymbol{A_5})^{\langle 2\rangle}$ の対角線がすべて 1 であるのは，ある路線を往復（乗り継ぎ 1 回）することで出発空港に戻ることができることを表す.

さらに，$(\boldsymbol{A_5})^{\langle 3 \rangle}$ の2行目からは，仙台から札幌と伊丹へは，いずれも2回の乗り継ぎ（遠方を迂回）をすれば移動可能であることを表す.

問 7.19 完全グラフ K_4 の隣接行列 $\boldsymbol{A_{K_4}}$，ならびに，$(\boldsymbol{A_{K_4}})^{\langle 2 \rangle}, (\boldsymbol{A_{K_4}})^{\langle 3 \rangle}$ をそれぞれ求め，これらから連結性についてわかることを述べよ.

7.4.3 行列による連結性の解析

グラフ $G = (V, E)$ から生成される隣接行列 $\boldsymbol{A}$ の型は, $n \times n$ である $(n = |V|)$. 連結性を調べるには $\boldsymbol{A}, \boldsymbol{A}^{\langle 2 \rangle}, \ldots, \boldsymbol{A}^{\langle n-1 \rangle}$ を求めればよい．なぜなら，たとえば，n 個の頂点が横一列に $v_1, v_2, v_3, \ldots, v_n$ となって連結しているグラフの場合，頂点 v_1 から，v_1 以外の任意の頂点 $v \in V - \{v_1\}$ へは，たかだか $n-1$ 本の辺でたどることが可能だからである．そこで，次のように**連結行列** (connected matrix) を定める.

定義 7.6 連結行列

頂点の総数が n であるグラフ $G = (V, E)$ の隣接行列 $\boldsymbol{A}$ および $n \times n$ 型の単位行列 $\boldsymbol{I}$ から構成される次の $\boldsymbol{A}^{\langle * \rangle}$ を，$\boldsymbol{A}$ の**連結行列**という.

$$\boldsymbol{A}^{\langle * \rangle} = \boldsymbol{I} + \boldsymbol{A} + \boldsymbol{A}^{\langle 2 \rangle} + \boldsymbol{A}^{\langle 3 \rangle} + \cdots + \boldsymbol{A}^{\langle n-1 \rangle} \tag{7.1}$$

この連結行列を求める計算式は，2項関係の反射推移閉包（☞5.3.2項）を求める計算式に相当している.

【例 7.18】 連結行列

例 7.17 の隣接行列 $\boldsymbol{A_5}$ と，$(\boldsymbol{A_5})^{\langle 2 \rangle}, (\boldsymbol{A_5})^{\langle 3 \rangle}$ より，連結行列 $(\boldsymbol{A_5})^{\langle * \rangle}$ は次式で求められる.

$$(\boldsymbol{A_5})^{\langle * \rangle} = \boldsymbol{I} + \boldsymbol{A_5} + (\boldsymbol{A_5})^{\langle 2 \rangle} + (\boldsymbol{A_5})^{\langle 3 \rangle} = \begin{bmatrix} 1 & 1 & 1 & 1 \\ 1 & 1 & 1 & 1 \\ 1 & 1 & 1 & 1 \\ 1 & 1 & 1 & 1 \end{bmatrix}$$

この $(\boldsymbol{A_5})^{\langle * \rangle}$ の成分がすべて 1 であることから，「札幌，仙台，羽田，伊丹」の任意の 2 つの空港間は，たかだか $3(=4-1)$ つの路線（実際は 2 つの路線で済む）を利用することで，移動できることがわかる．

連結性については，一般的に次の命題が成り立つ．

命題 7.7　連結行列

グラフ $G=(V,E)$ の連結行列 $\boldsymbol{A}^{\langle * \rangle}$ の要素について次式が成り立つ．

$$\begin{aligned} \boldsymbol{A}^{\langle * \rangle}\text{の要素 } a_{ij}=1 \quad &\Leftrightarrow \quad v_i \text{から } v_j \text{への道が存在する．} \\ \boldsymbol{A}^{\langle * \rangle}\text{の } i \text{ 行がすべて } 1 \quad &\Leftrightarrow \quad v_i \text{から } v \in V \text{ への道が存在する．} \\ \boldsymbol{A}^{\langle * \rangle}\text{の } j \text{ 列がすべて } 1 \quad &\Leftrightarrow \quad v \in V \text{ から } v_j \text{への道が存在する．} \end{aligned}$$

問 7.20　下図の新幹線の路線図の隣接行列 $\boldsymbol{A_1}$ と連結行列 $(\boldsymbol{A_1})^{\langle * \rangle}$ を，それぞれ求め，連結行列 $(\boldsymbol{A_1})^{\langle * \rangle}$ からわかることを述べよ．

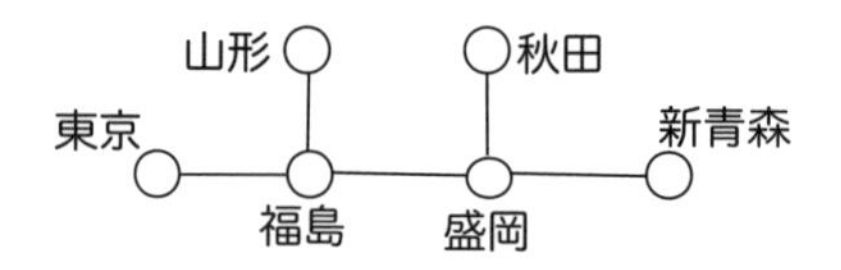

隣接行列の要素を整数とした積

グラフ $G=(V,E)$ の隣接行列 $\boldsymbol{A}$ の積 $\boldsymbol{A}^k$ を，0-1 行列の積としてではなく，整数に対する（通常の）積として求めたとき，$\boldsymbol{A}^k$ の成分 (i,j) は，頂点 $v_i, v_j \in V$ を端点とする長さ k の異なる歩道の数を表す[2]．

たとえば，右図のグラフ K_3 の場合，隣接行列 $\boldsymbol{A_{K_3}}$ に対する $(\boldsymbol{A_{K_3}})^{\langle 2 \rangle}$ は次式となる．

$$\boldsymbol{A_{K_3}}=\begin{bmatrix} 0 & 1 & 1 \\ 1 & 0 & 1 \\ 1 & 1 & 0 \end{bmatrix}, \qquad (\boldsymbol{A_{K_3}})^{\langle 2 \rangle}=\begin{bmatrix} 2 & 1 & 1 \\ 1 & 2 & 1 \\ 1 & 1 & 2 \end{bmatrix}$$

$(\boldsymbol{A_{K_3}})^{\langle 2 \rangle}$ の $(1,1)$ 成分 2 は，頂点 v_1 から頂点 v_1 への歩道が 2 通り

（「v_1, v_2, v_1」と「v_1, v_3, v_1」）あることを表す．また，$(1,2)$ 成分 1 は，頂点 v_1 から頂点 v_2 への歩道は 1 通り（「v_1, v_3, v_2」）あることを表す．他の成分についても同様に歩道の数を表す．

問 7.21　例 7.1 の G_1 の $\boldsymbol{A_{G_1}}$ と $(\boldsymbol{A_{G_1}})^{\langle 2\rangle}$, $(\boldsymbol{A_{G_1}})^{\langle 6\rangle}$ をそれぞれ求め，連結性についてわかることを述べよ．

章末問題

7.1　グラフ $G = \{V, E\}$ について，握手補題が成り立つことを証明せよ．

7.2　下図のグラフ G_{15}, G_{16}, G_{17}，それぞれについて，オイラー小道およびオイラー回路をすべてあげよ．存在しない場合には「なし」と答えよ．

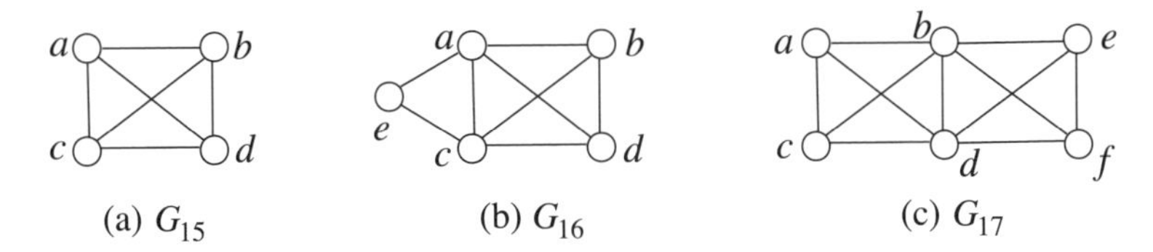

(a) G_{15}　(b) G_{16}　(c) G_{17}

7.3　完全グラフ K_n の辺の総数を n の式で表せ．

7.4　完全グラフ K_n がオイラー回路をもつかどうかの条件を n を用いて表せ．

7.5　下図の有向グラフで表されるバス路線を考える．この有向グラフの隣接行列ならびに連結行列を求めることで，バスの移動に関してわかることを述べよ．

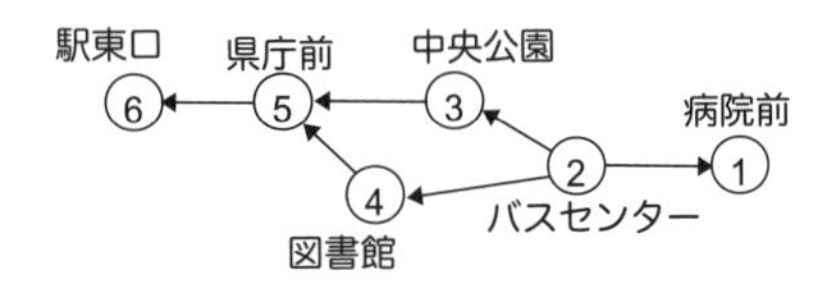

7.6 下図の G_{18} の $\boldsymbol{A}_{\boldsymbol{G_{18}}}$ と，整数に対する行列の積 $(\boldsymbol{A}_{\boldsymbol{G_{18}}})^{\langle 3\rangle}$ は，それぞれ次式のとおりである．

$$\boldsymbol{A}_{\boldsymbol{G_{18}}} = \begin{bmatrix} 0 & 1 & 1 & 0 \\ 1 & 0 & 0 & 1 \\ 1 & 0 & 0 & 1 \\ 0 & 1 & 1 & 0 \end{bmatrix}, \quad (\boldsymbol{A}_{\boldsymbol{G_{18}}})^{\langle 3\rangle} = \begin{bmatrix} 0 & 4 & 4 & 0 \\ 4 & 0 & 0 & 4 \\ 4 & 0 & 0 & 4 \\ 0 & 4 & 4 & 0 \end{bmatrix}$$

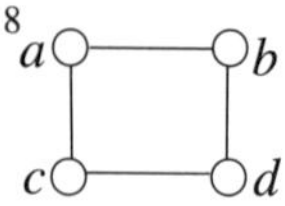

このうち，$(\boldsymbol{A}_{\boldsymbol{G_{18}}})^{\langle 3\rangle}$ の $(1,2)$ 成分と $(2,4)$ 成分が表す 4 の意味について，それぞれ答えよ．

第 8 章
木と探索

8.1　木の種類

8.1.1　無向木と有向木

グラフの中には下図の T_1 のように閉路をもたないものもある．一般的には，無向グラフ G が連結であって閉路をもたないときには，G を**無向木** (undirected tree) という．

有向グラフ G においては，下図の T_2 のように，辺の方向を無視して得られる無向グラフが，連結であって閉路をもたないときには，G を**有向木** (directed tree) という．

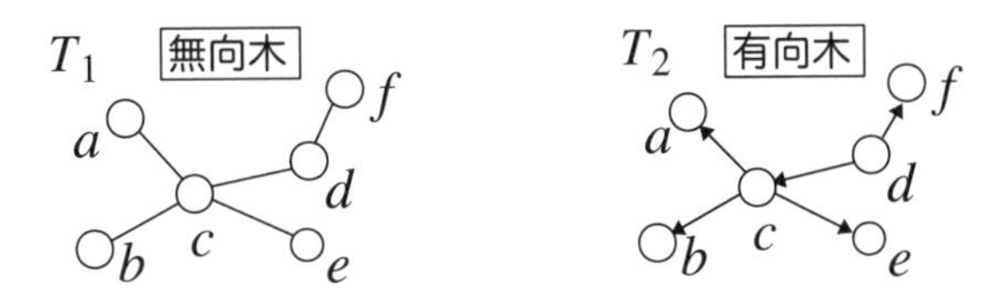

問 8.1　下図の各グラフ（英字：A,B,C,D,E,F）の中から木をすべて選べ．

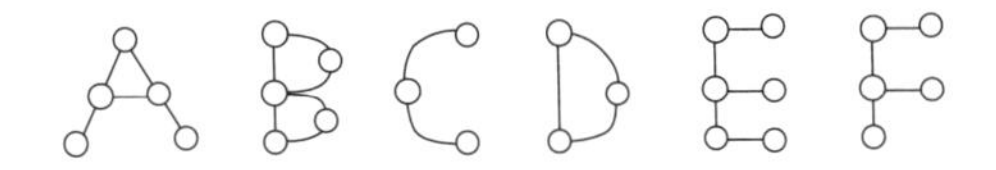

8.1.2　根付き木

無向木 T において，1 つの頂点を特別視し，その頂点を**根** (root) として得られた T を**根付き木** (rooted tree) という．一方，有向木 T' においては，ある頂点 r から他の任意の頂点への道が存在するとき，T' を，頂点 r を根とした

根付き有向木 (rooted directed tree) という．

【例 8.1】 根付き木

下図の無向木 T_1 において，頂点 c を根とした場合の根付き木が T_3 である．また，下図の有向木 T_2 の場合，頂点 d からその他の頂点 a, c, b, e, f への道が存在することから，d を根とした根付き木 T_4 を描くことができる．

これらの例のように，根付き木は根を最も上に書き，有向木の場合は辺の方向を上から下へと定め，矢印を省略して描かれる．

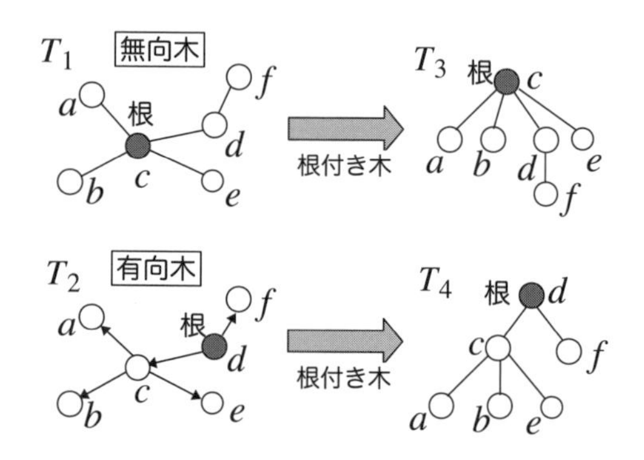

問 8.2　右図の有向木 T_5 について，次の問に答えよ．

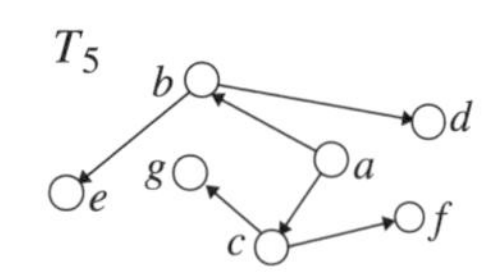

(a) T_5 の中から根にあたる頂点を選び，根付き木を描け．

(b) T_5 を，辺の方向を無視して，無向木とし，頂点 c を根とする根付き木を描け．

8.1.3　木の中の家族

根付き木において，ある辺の端点のうち相対的に根に近いもの（図の上方）はもう1つの端点（図の下の方）の**親** (parent) といい，逆の関係を**子** (child) という．子をもたない頂点を**葉** (leaf) とよぶ．便宜上，葉以外の頂点を**内点** (interior vertex) とよぶことにする．根 r から葉までの最長路の長さを**木の高さ** (tree height) といい，根 r から各頂点までの道の長さをその頂点の**深さ** (depth)

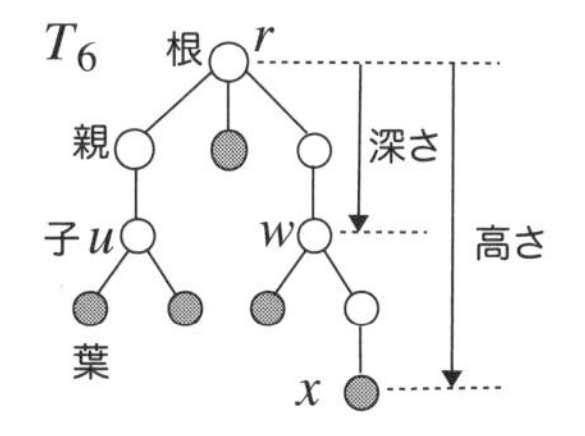

という．なお，根付き木では頂点の子の数をその頂点の次数という．

【例 8.2】 木の頂点と高さ

上図の T_6 において，図中の網掛けの 5 つの◯が葉であり，白い 6 つの◯が内点である．また，頂点 w と u の深さはともに 2 である．各頂点の深さの中で最長は，葉 x の深さ 4 であり，この 4 が T_6 の高さでもある．

木において道によって接続されている 2 つの頂点，たとえば，下図の T_7 の u, w について，（根に近い）u は w の**先祖** (ancestor) といい，w は u の**子孫** (descendant) であるという．各頂点は自分自身の先祖であり，かつ子孫でもあり，自分以外の先祖（子孫）を**真の先祖（真の子孫）**とよぶ．このことから，葉は真の子孫をもたない頂点である．さらに，木 T の各頂点に対し，その頂点を根としたときの子孫（根も含む）からなる木を T の**部分木** (subtree) という．

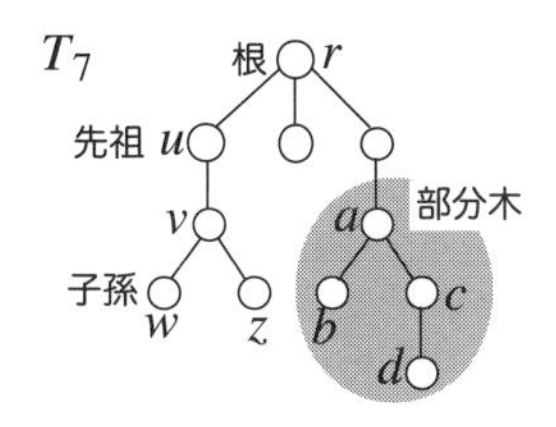

【例 8.3】 木の先祖と子孫

上図の T_7 において，頂点 u のすべての子孫は「u, v, w, z」であり，真の子孫は「v, w, z」である．また，頂点 a を根とする部分木は，同図で灰色で囲まれている頂点「a, b, c, d」を含むものである．

問 8.3　右図の T_8 について，次の問に答えよ．

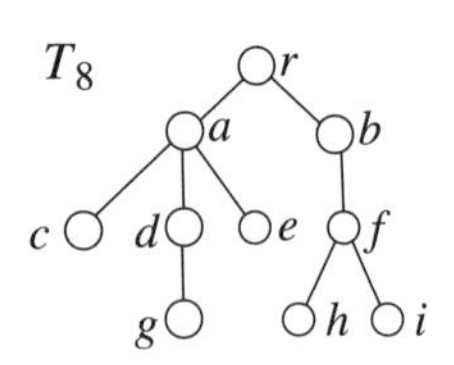

(a) 頂点 a の子孫である頂点をすべて答えよ．
(b) 頂点 b の真の子孫である頂点をすべて答えよ．
(c) 頂点 f を根とする部分木を点線で囲め．

8.1.4 木の同型

木もグラフの一種であることから，一般的なグラフに対する同型の概念をあてはめることができる．

【例 8.4】 木の同型

位数 3（頂点数が 3）の木は下図のように描くことができるが，これらはすべて同型である．これに対して，同型ではない位数 4 の木は下図のように 2 種類ある．

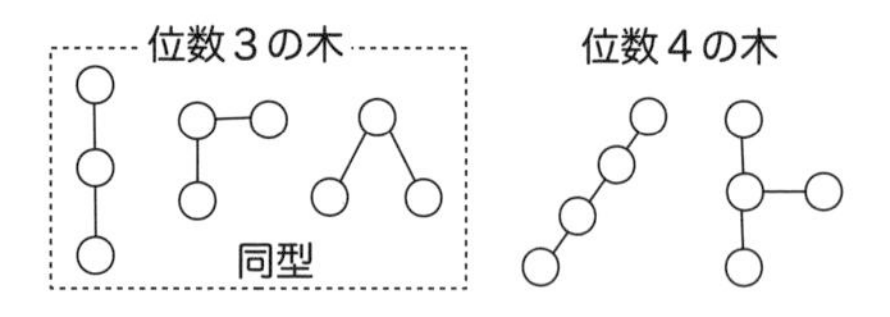

問 8.4　例 8.4 のように，同型ではない位数が 5 の木をすべて描け．

順序根付き木

次図の位数 4 の木 T_9 と T_{10} は同型である．しかしながら，両者は根が異なる（T_9 の根は c，T_{10} の根は b），根の右側と左側の子では，各子を根とする子孫に含まれる頂点数は異なる（T_9 の左側の子 b の子孫の頂点数は 2 個，T_{10} の左側の子 a の子孫の頂点数は 1 個）．

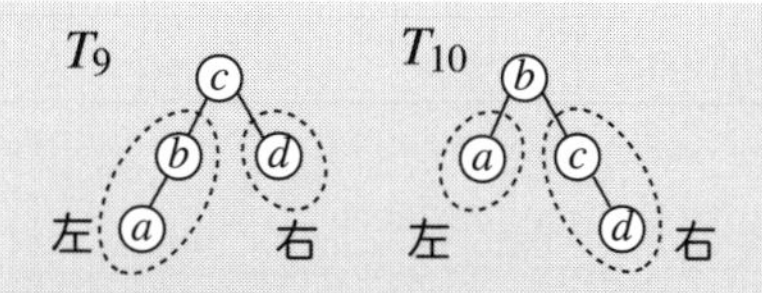

同型な木であっても，相違があることを区別する方法の一つが，複数個の子への優先順位付けである．具体的には，下図の T_{11} のように左側にある子ほど優先順位が高いと定め，順序づけた木を**順序根付き木** (orderd rooted tree) あるいは単に**順序付き木**という．優先順位は，頂点（子）の配置によって表すこととし，頂点の形状などを変えることはしない[1]．

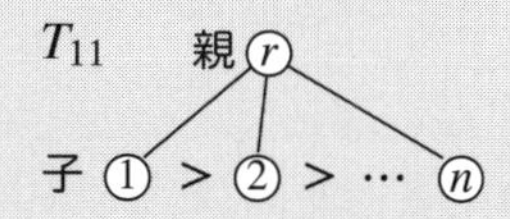

順序付き木においては，共通の親をもつ子らを**兄弟**とよび，その中でも最も左の子を**長男**とよぶことがある．

8.1.5 木の性質

閉路を含まない連結なグラフである木 T について，次に示す性質が成り立つ [1, 5, 14]．

命題 8.1 木の性質

単純グラフ $G = (V, E)$ について，次の命題は同値である．

(a) G は木である．

(b) G は連結であり，どの辺も橋である．

(c) G は閉路がなく，$|V| = |E| + 1$．

(d) G は連結であり，$|V| = |E| + 1$．

(e) G には閉路はないが，隣接しない 2 頂点間に辺を加えると閉路がで

[1] 8.4 節では順序付き木の各頂点に符号をつけて区別する方法を述べる．

きる．

【例 8.5】 木に関する命題の証明

命題 8.1 は，たとえば (a)⇒(b),(b)⇒(c),(c)⇒(d),(d)⇒(e),(e)⇒(a) を示すことで，(a)〜(e) がすべて同値であることが示される．ここでは，(a)⇒(b),(b)⇒(c),(c)⇒(d) について，それぞれの証明の概略を述べ，残りのものは問および章末問題とする．

(a)⇒(b)：G が木ならば，木の定義より連結かつ閉路が存在しない．そのため，いずれかの辺を取り除くと連結ではなくなる．

(b)⇒(c)：G の位数 $n = |V|$ についての帰納法による．$n = 1$ のときは自明であり，位数 $k > 1$ の G が連結であり，どの辺も橋であるとき，G は閉路がなく，$|V| = |E| + 1$ であると仮定する．$|V| = k + 1$ のとき，G が連結であり，どの辺も橋であれば，閉路はない（頂点 u, v 間の辺を含む閉路があれば，u から v へ 2 つの道が存在し，橋とはならない）．また，G から次数 1 の頂点 v を除いたグラフ G' は，頂点 v とそれに接続する辺（橋）を除いただけであるから連結であり，どの辺も橋である（G に次数 1 の頂点が 2 つ以上あることについての証明は，章末問題とする）．このとき，$G' = (V', E')$ とすると，$|V'| = |V| - 1 = k, |E'| = |E| - 1$ である．よって，G' すなわち $|V'| = k$ のときの仮定より，$|V'| = |E'| + 1$ であり，$|V| = k + 1$ においても，$|V| = k + 1 = |V'| + 1 = (|E'| + 1) + 1 = |E| + 1$ が成り立つ．

(c)⇒(d)：G の位数 $n = |V|$ についての帰納法による．$n = 1$ のときは自明であり[2]，位数 $k > 1$ の G には閉路がなく，$|V| = |E| + 1$ のとき，G は連結であり，$|V| = |E| + 1$ であると仮定する．$|V| = k + 1$ のとき，G には閉路がなく，$|V| = |E| + 1$ であるとする．G から次数 1 の頂点 v を除いたグラフ G' は，頂点 v とそれに接続する辺を 1 つ除いただけであり，閉路はない．$G' = (V', E')$ とすると，$|V'| = |V| - 1 = k, |E'| = |E| - 1$ であるから，$|V| = |E| + 1$ に $|V| = |V'| + 1, |E| = |E'| + 1$ を代入すると，$|V'| = |E'| + 1$ である．よって G' すなわち $|V'| = k$ のときの仮定より，

[2] 位数 1 のグラフは連結であるとみなす．

G' は連結であり，G' に次数 1 の頂点 v を追加したグラフ G も連結である．

問 8.5 命題 8.1 の (a) と (e) について，(e)⇒(a)，すなわち，「G には閉路はないが，隣接しない 2 頂点間に辺を加えると閉路ができる．」ならば，「G は木である」ことを示せ．

8.2　2 分木とその探索

8.2.1　2 分木の種類

各親の子の数がたかだか 2 つである順序付き木を **2 分木** (binary tree) という．2 分木において，2 つの子のうち，左側の子を**左の子** (left son)，もう一方を**右の子** (right son) とよび区別する．下図の 2 分木の頂点 a に対して，b は左の子，c は右の子である．

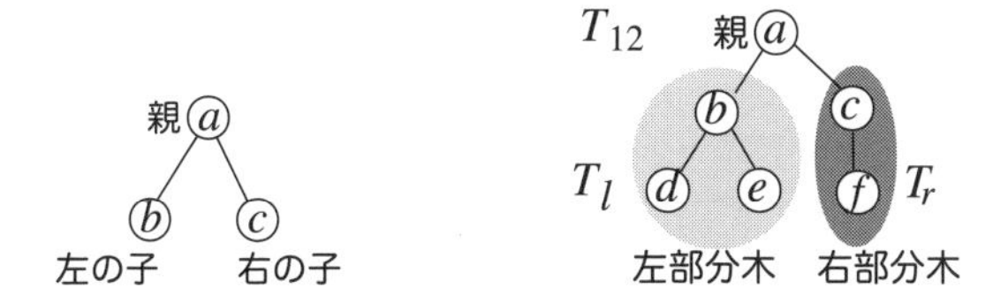

上図の T_{12} のように，a の左の子 b が根である部分木 T_l を a の**左部分木** (left subtree) といい，同様に，a の右の子 c が根である部分木 T_r を a の**右部分木** (right subtree) という．このとき，T_l のすべての頂点は，T_r のすべての頂点に対して左にあるといわれる．

2 分木の種類

ある条件を満たす 2 分木には特別な名前が付けられている．たとえば，高さ k の 2 分木において，「すべての内点が 2 つの子をもつ」とき，**全 2 分木** (full binary tree) とよばれる．

また，高さ k の 2 分木において，「すべての内点が 2 つの子をもち，葉の深さが k または $k-1$ であり，深さ k の葉は左側に寄せられている」とき，

完全 2 分木 (complete binary tree) とよばれる.

問 8.6　下図の T_{13} のように，高さ k の完全 2 分木において，深さ $k-1$ 以下のすべての頂点が 2 つの子をもち，深さ k の頂点がすべて葉であるときの頂点の総数を，k の式として表せ ($k > 0$).

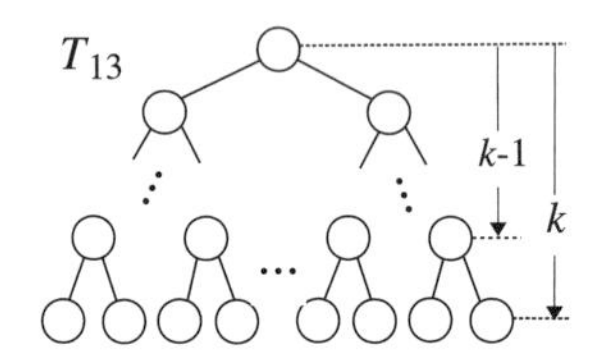

8.2.2　2 分木の帰納的定義

第 3 章の 3.2.1 項で述べた構造の帰納的な定義にしたがって，根付き木や 2 分木を定義することができる 3).

構造に関する帰納的定義（2 分木）

1) 初期段階
空木（頂点を 1 つももたない木）は 2 分木である.

2) 帰納段階
T_l と T_r が共通の頂点をもたない 2 分木であるとき，$T_l \cdot T_r$ を，T_l の根と，T_r の根を頂点 r で連結して得られる 2 分木とする（$T_l \cdot T_r$ の根は r）ただし，一方が空木の場合には一方だけを連結し，両者が空木の場合は頂点 r だけからなる 2 分木とする.

【例 8.6】 構造に関する帰納的定義（木）
上述の構造に関する帰納的定義により構成される 2 分木には次図のものがある．図中の 1), 2-1), 2-2), 2-3) は説明の都合上，構成される 2 分木を

3) この定義による 2 分木は [2] において Extended binary tree とよばれている.

分類のためにつけた番号である.

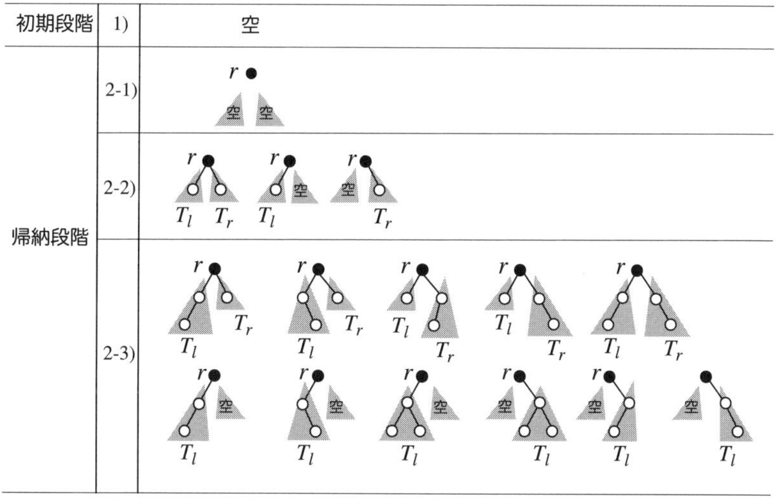

初期段階	1)	空
帰納段階	2-1)	r 空 空
	2-2)	r T_l T_r　r T_l 空　r 空 T_r
	2-3)	r T_l T_r　r T_l T_r　r T_l T_r　r T_l T_r　r T_l T_r r 空 T_l　r 空 T_l　r 空 T_l　r 空 T_l　r 空 T_l　空 T_l

初期段階の 1) では空（頂点なし）が構成される．帰納段階の 2-1) では，1) において 2 分木とされた「空」を左右の部分木 T_l, T_r とする「根 r」だけからなる 2 分木が構成される．次の段階 2-2) では，1), 2-1) のいずれかを T_l, T_r とする高さ 1 の 2 分木が構成される．さらに次の段階 2-3) では，1), 2-1), 2-2) のいずれかを T_l, T_r とする高さ 2 の 2 分木が構成される．この図ではそのうちの 11 種類を示している．

問 8.7　上図では，高さ 2 の木が 11 種類描かれている．この他に，高さ 2 の木が何種類あるのか答えよ．

8.2.3　木のなぞり

ここでは簡単のために 2 分木を取り上げて説明する．以下，木といえば 2 分木のことを指すものとする．

木を利用した多くのアルゴリズム（データの探索など）では，ある順番にしたがって木を走査（各頂点を訪問）することがある．たとえば，次図のように

根 r から左部分木 T_l を走査したのち，右部分木 T_r を走査する方式は，**深さ優先探索** (depth-first search) とよばれる．木の走査中には訪問した根を処理（画面への表示やファイルへの書き込みなど）することがしばしば要求される．これを木の**なぞり** (traverse) という．

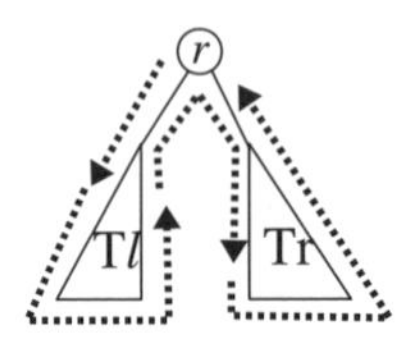

木のなぞりには，なぞる際の根の処理のタイミングの取り方によって，**前順** (preorder)，**中順** (inorder)，**後順** (postorder) の 3 通りがある．それぞれ，先行順，中間順，後行順とよばれる．

前順: r の処理, T_lのなぞり, T_rのなぞり
中順: T_lのなぞり, r の処理, T_rのなぞり
後順: T_lのなぞり, T_rのなぞり, r の処理

左部分木 T_l の訪問の際には，部分木の根を r とし，上述のなぞりを再帰的に繰り返す．同様に，右部分木 T_r の訪問の際には，部分木の根を r とする．

前順・中順・後順

前順，中順，後順を，それぞれ $pre(T)$，$in(T)$，$post(T)$ とすれば，これらは次のような再帰的な手続きとして表される．

$$\text{前順}: \ pre(T) = \underline{out(r)},\ pre(T_l),\ pre(T_r)$$
$$\text{中順}: \ in(T) = in(T_l),\ \underline{out(r)},\ in(T_r)$$
$$\text{後順}: \ post(T) = post(T_l),\ post(T_r),\ \underline{out(r)}$$

ここで，$out(r)$ では「(部分木の) 根 r に対する処理」が行われる．また，部分木が葉（1 つの頂点のみ）であるときは，T_l と T_r はともに空であり，いずれのなぞりにおいても $out(r)$ のみが行われる．次図において，前順の場合，⇙ のタイミングで $out(r)$ が行われる．中順⇒，後順 ⇖ も同様である．

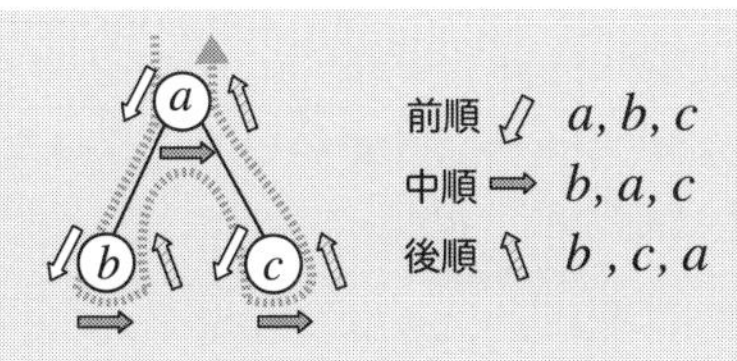

【例 8.7】 木のなぞり

r の処理 $out(r)$ を「○内の記号を出力（印字）する」としたとき，下図の T_{14} に前順の適用結果は次のとおり（コンマは記号の区切りのためであり省略可）．なお，T_l, T_r の根について，左の子を根とする左部分木をそれぞれ T_{ll}, T_{rl} とし，右の子を根とする右部分木をそれぞれ T_{lr}, T_{rr} とする．

$$
\begin{aligned}
\text{前順}\quad pre(T_{14}) &= +,\ pre(T_l),\ pre(T_r) \\
&= +,\ *,\ pre(T_{ll}),\ pre(T_{lr}),\ pre(T_r) \\
&= +,\ *,\ a,\ pre(T_{lr}),\ pre(T_r) \\
&= +,\ *,\ a,\ b,\ pre(T_r) \\
&= +,\ *,\ a,\ b,\ -,\ pre(T_{rl}),\ pre(T_{rr}) \\
&= +,\ *,\ a,\ b,\ -,\ c,\ pre(T_{rr}) \\
&= +,\ *,\ a,\ b,\ -,\ c,\ d
\end{aligned}
$$

同様にして，中順 $in(T_{14})$，後順 $post(T_{14})$ の結果は次のようになる．

$$
\text{中順}\quad in(T_{14}) = \underbrace{a,\ *,\ b}_{in(T_l)},\ +,\ \underbrace{c,\ -,\ d}_{in(T_r)}
$$

$$
\text{後順}\quad post(T_{14}) = \underbrace{a,\ b,\ *}_{post(T_l)},\ \underbrace{c,\ d,\ -}_{post(T_r)},+
$$

演算子の表記法

通常，演算子 $(+, -, *)$ を含む式は，「$a * b$」のように演算子の左右に引数を置く．この表記法は中置記法にあたる．これに対して，演算子を「$*\ a\ b$」

のように前に置く記法は前置記法にあたり，**ポーランド記法**ともよばれる．そして，演算子を「$a\ b\ *$」のように後ろに置く記法は後置記法にあたり，**逆ポーランド記法**ともよばれる．この逆ポーランド記法では，「$a * b + c - d$」は「$a\ b\ *\ c\ d\ -\ +$」と表され，「a と b の積 $(*)$ と，c と d の差 (–) の和 (+)」と先頭から順に読み上げることができる．

プログラミング言語のうち, C, Java, Python では中置記法が, Lisp, Scheme ではポーランド記法が，Postscript, Forth では逆ポーランド記法が，それぞれ用いられている．

このように数式を木によって表す方法は，言語処理系の一種である**コンパイラ** (compiler) において広く用いられており，そこでは，数式に限らずプログラミング言語の構文（代入文，条件分岐文，繰り返し文など）が木によって表される（この木を**構文木**という）．

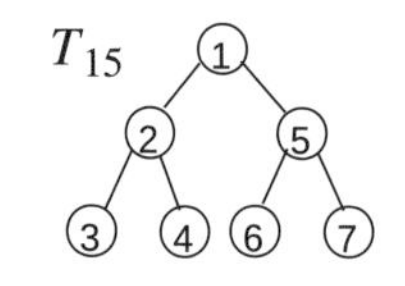

問 8.8　右図の木 T_{15} に対して，$pre(T_{15})$, $in(T_{15})$, $post(T_{15})$ をそれぞれ求めよ．

問 8.9　同型である右図の T_{16} と T_{17} を，中順と後順のなぞりをそれぞれ答えよ．

T_{16} a b c　T_{17} a b c

8.3　全域木と最小全域木

8.3.1　全域木

一般に，連結グラフ $G = (V, E)$ の部分グラフとして木を構成することができる．その中でも，頂点集合 V のすべての要素が含まれている木は，**全域木** (spanning tree) という．すなわち，連結グラフ $G = (V, E)$ に対して，部分集合 $E' \subset E$ を辺集合とした木 $T_S = (V, E')$ が全域木 である．さらに，E に対する E' の補集合 $E - E'$ を辺集合とする木を**補木** (cotree) とよぶ．

【例 8.8】 全域木

下図のグラフ G_{18} に対する全域木の例が T_{18} である（太線が全域木の辺集合）．また，T_{18} において破線を辺集合とする木が，この全域木に対する補木である．

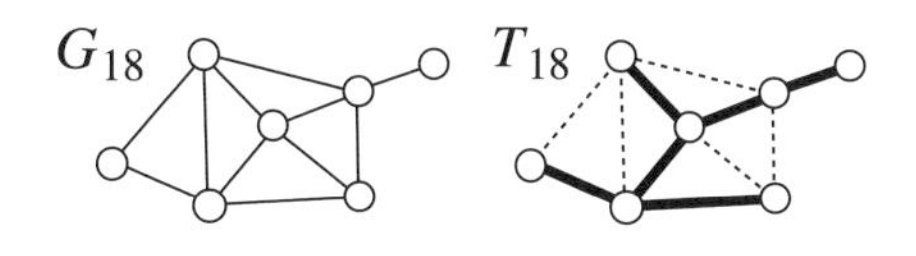

問 8.10 例 8.8 のグラフ G_{18} の全域木のうち，T_{18} 以外で同型ではないものを 5 つ以上描け．

8.3.2 最小全域木

無向グラフ $G=(V,E)$ の各辺に自然数を対応させる関数 $d:E\to\mathbb{N}$ があたえられたとき，$d(e)$ を辺 $e\in E$ の**重み** (weight) という．各辺に重みがついているグラフを**重み付きグラフ**あるいは**ラベル付きグラフ**という [4]．このとき，重み付きグラフ $G=(V,E)$ において，G の全域木 $T=(V,E_T)$, $E_T\subset E$ の中で，重みの総和 $\sum_{e\in E_T} d(e)$ を**コスト** (cost) といい，コストを最小にする T を**最小全域木** (Minimum Spanning Tree) T_{MST} という．

【例 8.9】 最小全域木

下図の重み付きグラフ G_{19} の最小全域木は T_{19} であり，コストは 14 である．

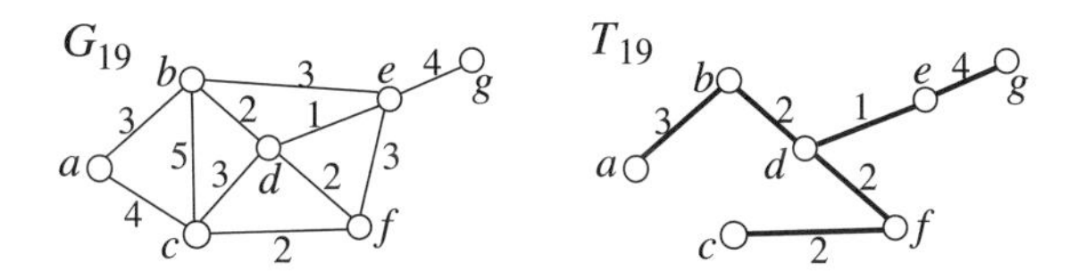

4) 各辺に重みがついているグラフのことを第 9 章では**ネットワーク** (network) とよび，詳しく述べる．

問 8.11　問 8.10 で求めた各全域木のコストを，例 8.9 の G_{19} の重みをもとにそれぞれ答えよ．

8.3.3 クラスカル法

与えられた無向グラフ $G=(V,E)$ の最小全域木をもとめるためのアルゴリズムの1つに**クラスカル法** (Kruskal's Algorithm) がある．グラフ G の重みを与える関数を $d: E \to \mathbb{N}$ とし，最小全域木を $T_{MST}=(V,E_M)$，$E_M \subset E$ とする．このとき，クラスカル法を次に示す．

定義 8.2　クラスカル法

Step.1　辺 $e_i \in E$ を $d(e_i)$ の小さいものから順に整列し，それらを $e_1, e_2, \ldots, e_n$ とする $(1 \leqq i \leqq n)$．また，$E_M=\emptyset$ とし，i=1 とする．

Step.2　e_i を E_M に含めることで閉路が生じないならば，E_M に e_i を含める．

Step.3　V のすべての要素が E_M に含まれるいずれかの辺の端点になっており，(V,E_M) が連結であれば終了．そうでなければ，$i=i+1$ として **Step.2** へ戻る．

【例 8.10】 クラスカル法

例 8.9 の G_{19} に対するクラスカル法の適用例を以下に示す．

Step.1　辺の重みを昇順 $(\leqq)$ に整列すると，次のようになる．

$\{d,e\}$,　$\{d,f\}$,　$\{b,d\}$,　$\{c,f\}$,　$\{a,b\}$,　$\{c,d\}$,　$\{e,f\}$,　$\{b,e\}$,　$\{e,g\}$,　$\{a,c\}$,　$\{b,c\}$

ここで，各辺を先頭から順に $e_1, \ldots, e_{11}$ とする．また，$E_M=\emptyset$, i=1 とする．

Step.2～Step.3　$i=1,\ldots,11$ について，e_i を E_M に含めるかどうかを調べていく．その結果，「e_1, e_2, e_3, e_4, e_5」を順に

E_M に含める．しかし，e_6, e_7, e_8 は閉路が生じてしまうので含めない．そして，e_9 を T に含める．

Step.3 i=9 のとき，V のすべての要素 $(a, b, c, \ldots, g)$ が E_M のいずれかの辺の端点になっているので終了．

この結果，例 8.9 の T_{19} の最小全域木 $T_{MST} = (V, E_M)$ が得られる．

問 8.12 例 8.9 の G_{19} の重みを変更した下図の G'_{19} に対してクラスカル法を適用して最小全域木と最小コストをそれぞれ求めよ．

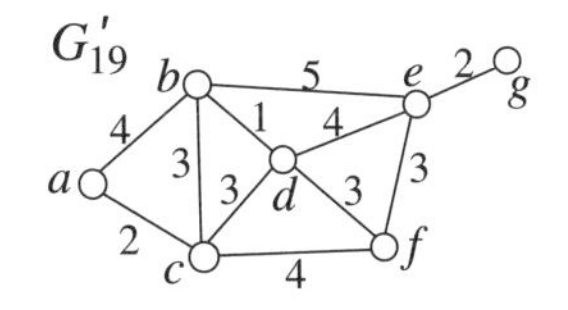

問 8.13 下図のグラフ G_{20} に対してクラスカル法を適用して最小全域木と最小コストをそれぞれ求めよ．

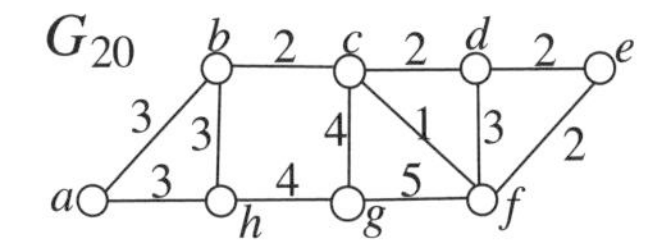

8.4 順序根付き木

8.4.1 一般番地系

8.1.4 項では，一般的なグラフとしてみたときには同型とみなされる根付き木であっても，優先順位の概念を導入することで根付き木を区別できることを述べた．ここでは，系統づけられた優先順位の付け方の一手法を述べる．

優先順位は，自然数をもとにした系統立てられたラベルあるいは**番地** (address) であり，根には「0」，その子らには左から順に「1, 2, 3, . . . 」をそれぞれ付ける．次に，ラベル「i」の子らには左から順に「i.1, i.2, i.3, . . . 」をそれぞれ付ける

$(i > 0)$．さらに，ラベル「$i.j$」の子らには左から順に「$i.j.1,\ i.j.2,\ i.j.3,\ \ldots$」をそれぞれ付ける $(j > 0)$．このように頂点にラベルを付けることを**番地付け**といい，この系統的な番地付けを**一般番地系** (universal address system) という．

【例 8.11】 順序根付き木

下図の G_{21} のように，深さ1の頂点には $1, 2, 3$ が，深さ2の頂点には 1.1, 2.1, 3.1, 3.2 が，深さ3の頂点には 2.1.1, 3.1.1, 3.1.2, 3.1.3 がそれぞれ付けられる．

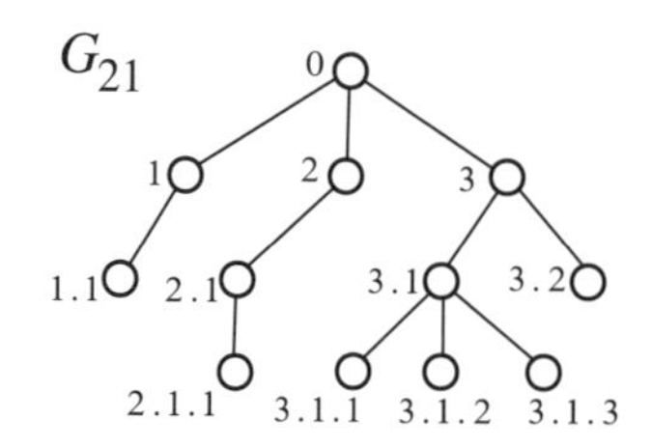

問 8.14　右図の T_9 と T_{10}（☞8.1.4 項参照）をそれぞれ番地付けし，頂点 a から順に番地を並べよ．

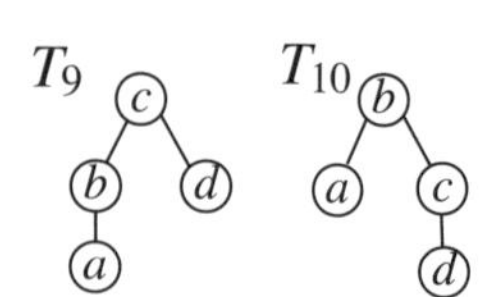

8.4.2 ｜ 順序根付き木の探索

2分木の走査，すなわち，各頂点を訪問する方法の1つとして深さ優先探索（☞8.2.3 項）を既に示した．この他の代表的な方法の1つが**幅優先探索** (Breath-first Search) である．G_{21} の順序根付き木を使って，両者の違いを述べる．

深さ優先探索は，下図のように一般番地系にしたがって走査する．

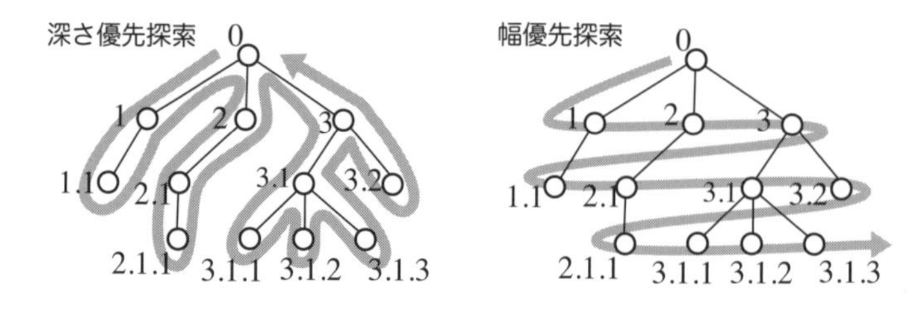

一方, 幅優先探索は, 前図のように頂点を「1, 2, 3, 1.1, 2.1, 3.1, . . . , 3.1.2, 3.1.3」の順で走査する．すなわち，深さ 1 のすべての頂点を左から順に走査したのち，深さ 2 のすべての頂点を左から順に走査する．

このような探索方法は，大量のデータの効率的な探索 (search) や整列 (sort)，対戦型ゲームでの戦略の選択，最適化問題（☞9.1.2 項）などで活用されている．

章末問題

8.1 命題 8.1 の (d) と (e) について, (d)⇒(e), すなわち,「G は連結であり, $|V| = |E|+1$ である．」ならば,「G には閉路はないが，隣接しない 2 頂点間に辺を加えると閉路ができる．」ことを示せ．

8.2 2 分木に含まれる頂点の総数を $n \geqq 1$ とすると，この木の高さは少なくとも $\lfloor \log_2 n \rfloor$ であることを示せ．

8.3 ある 2 分木 T を中順で走査したときの出力が,「$2 * x + y - 1$」であるときの T の図を描きなさい（コンマを略）．また，その T を前順で走査したときの出力も求めよ．

8.4 単純グラフ G が連結グラフであるための必要十分条件は，G が全域木（全域部分グラフ）となる木を含むことであることを示せ．

8.5 連結かつ閉路のないグラフ $G = (V, E)$ に，次数 1 の頂点が 2 つ以上あることを証明せよ．

第 9 章

ネットワークと
各種グラフ問題

9.1 ネットワークとその問題

9.1.1 重み付きグラフ

グラフ $G = (V, E)$ の辺 $e \in E$ に，対象とする問題領域に特有な数値（物理量や輸送費など）が付加されることがある．すでに，最小全域木（☞8.3.2 項）において，各辺に自然数を対応させる関数 d を導入した重み付きグラフ（例 8.9 の G_9）を導入した．重み付きグラフは，**ネットワーク** (network) ともよばれており，本章では同じ意味で用いる．

【例 9.1】 ネットワーク

問 7.1 のグラフ G_2 に移動時間 [分] を重みとして割り当てたネットワークが下図の G_1 である．

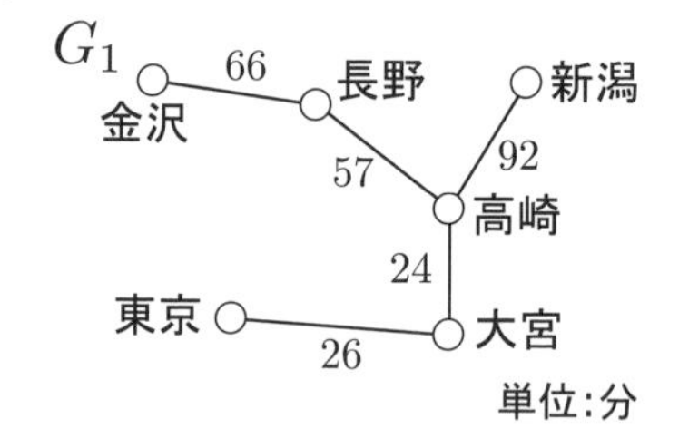

重み付きグラフは，形式的には次のように定義される．

定義 9.1 重み付きグラフ（ネットワーク）

重み付きグラフは，$G = (V, E)$ と重み関数 $d : E \to X$ からなり，$G(V, E, d)$ ともかく．

ここで，辺 $e \in E$ について，$d(e)$ が e の重みにあたり，d の終域 X に

は ℕ や ℝ などが用いられる.

無向グラフの場合は, 路 $P : v_1, \ldots, v_i, \ldots, v_n$ $(v_i \in V)$ に含まれる各辺 $\{v_i, v_{i+1}\}$ $(i = 1, \ldots, n-1)$ の重み $d(v_i, v_{i+1})$ の合計をコストとよぶ [1]. 一方, 有向グラフの場合には向きに沿って構成された路の各辺 (v_i, v_{i+1}) の重みの合計をコストとする.

以下, 断りのないかぎり重み関数 d の終域を ℕ とする.

【例 9.2】 ネットワークのコスト

下図は, 有向グラフの各辺に重みが付与されているネットワークである. 頂点 v_1 から頂点 v_4 まで矢印に沿ってたどれる有向路 v_1, v_2, v_3, v_4 のコストは 4+2+3=9 である.

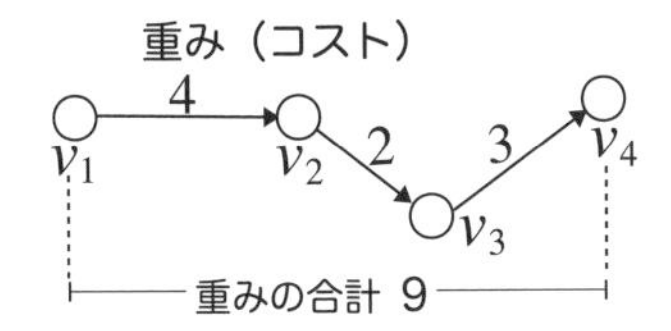

問 9.1　下図の G_2 において, 頂点 a から頂点 d へのすべての路のコストをそれぞれ求めよ.

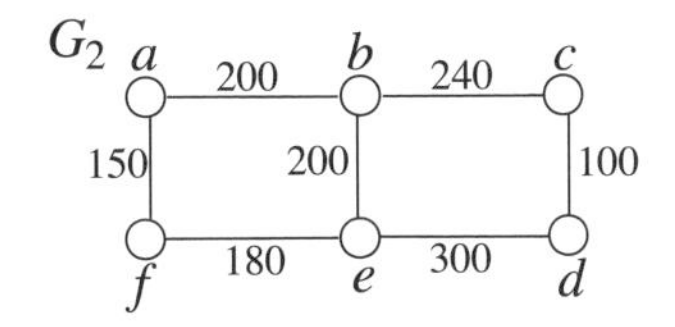

9.1.2 ネットワークの最適化問題

一般に, ある関数 $f : X \to Y$ の独立変数 $x \in X$ における値 $f(x) = y \in Y$ の変化の様子を考察し, 関数の値 y が最小（あるいは最大）になるときの独

[1] この章では, 経路, 最短路などの用語を使うため,「道 (path)」を路と表す.

立変数 x の値を求める問題を**最適化問題** (optimization problem) という．このときの関数 f は**目的関数** (objective function) とよばれ，目的関数の独立変数はしばしば**決定変数** (decision variable) ともよばれる．多くの最適化問題では決定変数（複数個の場合もある）がとり得る値の範囲が**制約条件** (constraint condition) として指定されており，制約条件を満たす決定変数の値の中でも目的関数を最小（または最大）とする決定変数の値は**最適解** (optimal solution) とよばれる．

とくに，目的関数がネットワークにおける辺の重みを係数としている最適化問題を**ネットワーク最適化問題**という．多くのネットワーク最適化問題では，決定変数の値は「頂点や辺が選択される・されない」などとされ，制約条件は「選択された辺からなる路が閉路になる・ならない」などとなる．

なお，最適化問題の目的関数や制約条件を数式等を使って厳密に定義することもできるが，このような定式化は本書の範囲を超えるため，詳細は述べない．以下では，考察の対象とする最適化問題を定義するのに必要な範囲で目的関数や制約条件について言及する．

【例 9.3】 ネットワーク最適化問題

下図の G_3 は，例 7.5 のグラフ G_5 に距離 [マイル] を重みとして割り当てたネットワークである．この G_3 のもとで，「ある空港からある空港へ最短の距離で移動するための経路（経由する空港）を探す」ことを考えたとき，このグラフに含まれる路で，2つの空港を端点とする路（制約条件）のうち，路のコスト（目的関数の値）が最小となる路を最適解とする最適化問題が構成される．

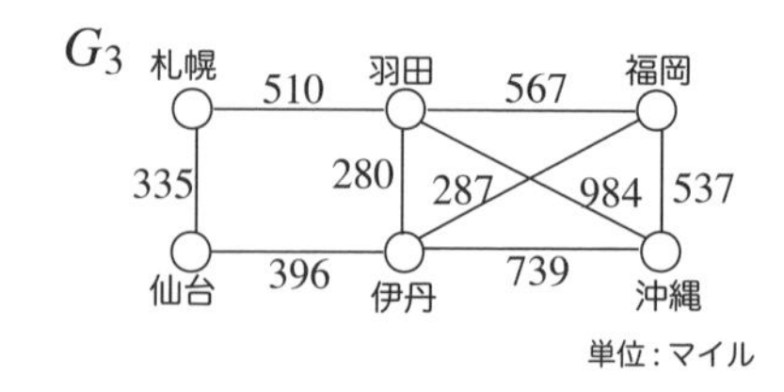

例 8.9 もネットワーク最適化問題の一種である．この問題では，全域木（制約条件）に含まれるすべての辺のコスト（目的関数の値）が最小である

全域木が最適解となる．

問 9.2　例 9.3 のグラフ G_3 において，札幌から沖縄へ最短距離で移動するための路と，そのときのコストをそれぞれ求めよ．

9.2　最短経路問題とその解法

9.2.1　最短経路問題

始点から他の頂点へのすべての路（道）の中で最小のコストをもつ路を**最短路**という．とくに，下図のように，始点として $s \in V$ が与えられているとき，s から他の頂点 $g \in V$ への最短路を求めるネットワーク最適化問題を**最短経路問題** (shortest path problem) という．

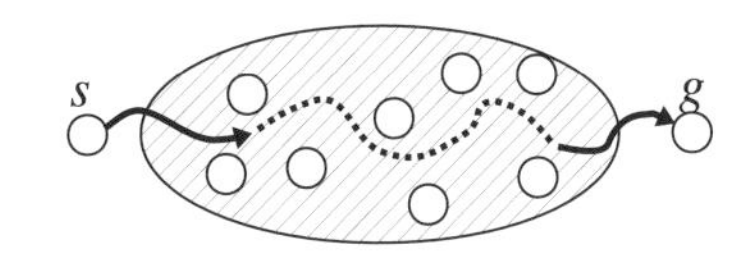

一般に，$s \in V$ から他の頂点への最短路は，始点 s を根とする根付き木にまとめて表すことができる．これを**最短路木** (shortest path tree) という．

【例 9.4】 最短経路問題

下図の重み付きグラフ G_4 の場合，同図 G_5 の太線が，頂点 s から頂点 a, b, c, d, e への最短路からなる最短路木である．

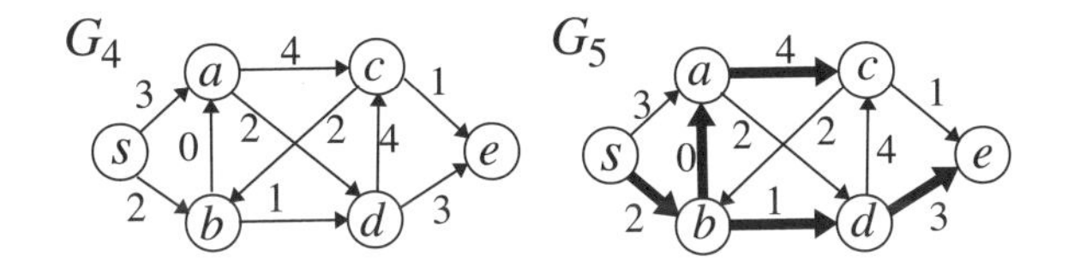

問 9.3　例 9.4 の最短経路問題における目的関数と制約条件を，それぞれ述べよ．

最適性の原理と動的計画法

最適化問題の解法の中には，複数個ある決定変数の値を一つ一つ定めていき，すべての決定変数の値を定めるものがある．すべての決定変数の値が未定の場合を初期状態，一部の決定変数の値が定まっている状態を中間状態，すべての決定変数の値が定まっている状態を最終状態よぶとき，次の**最適性の原理** (principle of optimality) にもとづく解法は**動的計画法** (dynamic programming) とよばれている．

最適性の原理：最適方策では，中間状態が何であっても，最適方策の前半部分（あるいは後半部分）が，初期状態からその状態に至る方策（あるいは，その状態から最終状態に至る方策）のうちで最適である．

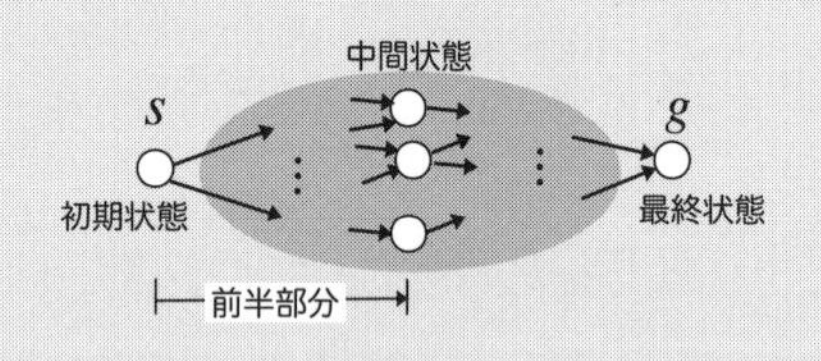

なお，この最適性の原理はすべての問題に対して成立するわけではなく，状態をどのように定義するかに依存する．また，ここでいう方策は決定変数の値の決め方にあたる．

9.2.2 ダイクストラ法

最適性の原理に基づいた最短経路問題の解法の 1 つに**ダイクストラ法** (Dijkstra's Algorithm)[2] がある．この解法を用いれば，有向グラフ $G = (V, E)$ と重み関数 $d : E \to \mathbb{N}$ が与えられたとき，最短路木 $G' = (V, T)$, $T \subset E$ が求められる．ここで，始点 s から頂点 $v \in V$ までの最短路長（最適解）を $f(v)$ とする．この最適解が得られるまでの中間状態では，s から v への最短路長が随時更新される．その時々の最短路長を $d^*(v)$ とし，最短路において v を終点とする辺を $e^*(v)$ で表すこととする．

---

[2] Edger W. Dijkstra (1930–2002)　オランダ生まれのコンピュータ科学者．

定義 9.2　ダイクストラ法

Step.1　訪問済みの頂点集合 $U=\{s\}$，最短路木の辺集合 $T=\emptyset$，中間状態にあたる頂点 $u=s$, $d^*(s)=0$, $v \in V-\{s\}$ について，$d^*(v)=\infty$

Step.2　$V-U \neq \emptyset$ である限り，次の **Step.2-1** と **Step.2-2** を繰り返す.

Step.2-1　u と $v \in (V-U)$ を接続するすべての辺 $(u,v) \in E$ に対し，右図のように「v を終点とする最短路長 $d^*(v)$」と,「u を経由して v に至る路長」を比較して，短い方を v までの最短路長として $d^*(v)$ を更新する．すなわち，

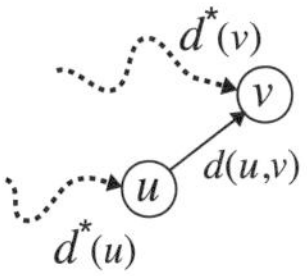

$$d^*(v) = \min\{d^*(v), d^*(u) + d(u,v)\}.$$

$d^*(v)$ が更新された（u を経由した方が短い）ならば，$e^*(v)=(u,v)$，$f(v) = d^*(v)$ とする.

Step.2-2　$v \in V-U$ の中で最小の $d^*(v)$ をもつ頂点 v を $v_{\min}$ とし，訪問済みの集合 U に加えるとともに最短路木の辺集合 T を更新する.

$$U = U \cup \{v_{\min}\}, \qquad T = T \cup \{e^*(v_{\min})\}$$

さらに, 最短路木に含まれていない点がある, すなわち, $V-U \neq \emptyset$ であれば，$v_{\min}$ を次の探索で経由する頂点 u とする.

以上のように，$U = \{s\}$ から開始され，計算が進むにつれて V の中の各頂点 v について $d^*(v)$ が更新され，$f(v)$ に代入されながら，U に頂点が 1 つずつ追加されていく．$U = V$ になった時に計算が終了する.

【例 9.5】 ダイクストラ法

ダイクストラ法により，例 9.4 のグラフ G_4 の最短経路は次のように求められる.

Step.1　$U=\{s\}$, $T=\varnothing$, $u=s$, $d^*(s)=0$, $d^*(a)=d^*(b)=d^*(c)=d^*(d)$ $=d^*(e)=\infty$.

Step.2（1回目）　$V-U=\{a,b,c,d,e\}$ であり，以下のステップを行う．

Step.2-1　s と接続している辺 (s,a) と (s,b) に対して，

$$d^*(a)=\min\{d^*(a),d^*(s)+d(s,a)\}=\min\{\infty,3\}=3,$$
$$d^*(b)=\min\{d^*(b),d^*(s)+d(s,b)\}=\min\{\infty,2\}=2.$$

よって，$e^*(a)=(s,a)$, $e^*(b)=(s,b)$, $f(a)=3$, $f(b)=2$ とする．

Step.2-2　$v\in\{a,b,c,d,e\}$ の中で最小の $d^*(v)$ をもつ頂点は，$v_{\min}=b$ であり，

$$U=\{s\}\cup\{b\},\quad T=\varnothing\cup\{(s,b)\}.$$

T として右図が得られ，$V-U\neq\varnothing$ であるため，$u=b$ とする．

s　$v_{\min}$　$e^*(b)$　2　b　$f(b)=2$
1回目

Step.2（2回目）　$V-U=\{a,c,d,e\}$ であり，以下のステップを行う．

Step.2-1　b と接続している辺 (b,a) と (b,d) に対して，

$$d^*(a)=\min\{d^*(a),d^*(b)+d(b,a)\}=\min\{3,2\}=2,$$
$$d^*(d)=\min\{d^*(d),d^*(b)+d(b,d)\}=\min\{\infty,3\}=3.$$

よって，$e^*(a)=(b,a)$, $e^*(d)=(b,d)$, $f(a)=2$, $f(d)=3$ とする．

Step.2-2　$v\in\{a,c,d,e\}$ の中で最小の $d^*(v)$ をもつ頂点は，$v_{\min}=a$ であり，

$$U=\{s,b\}\cup\{a\},\quad T=\{(s,b)\}\cup\{(b,a)\}.$$

T として右図が得られ，$V-U\neq\varnothing$ なので，$u=a$ とする．

$f(a)=2$　a　$v_{\min}$　s　0　$e^*(a)$　2　b
2回目

⋮

以下，同様の手順が繰り返されることにより，下図に示す3回目～5回目の最短路木がそれぞれ得られる．

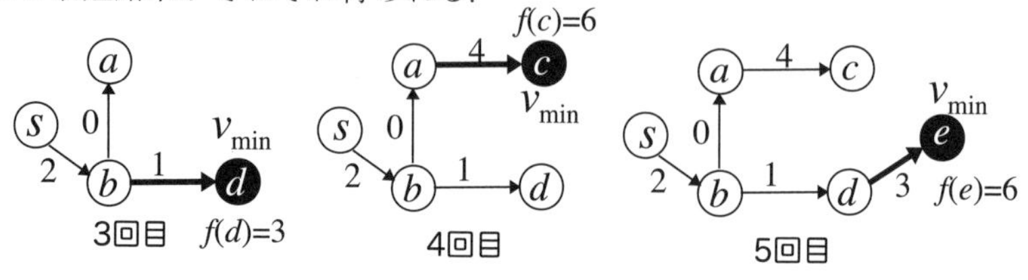

ダイクストラ法により，すべての頂点 $v \in V$ について，$d^*(v)$ が求められる過程を下表に示す．表中の列 k は **Step.2** の繰り返し回数を，表中の値は $d^*(v)$ を，下線部は繰り返し時に $v_{\min}$ に選ばれた頂点の $d^*(v_{\min})$ をそれぞれ表す．

$v \backslash k$	0	1	2	3	4	5	最短経路
s	0	0	0	0	0	0	$\cdots\ s$
a	∞	3 (s)	$\underline{2\ (b)}$	2	2	2	$\cdots\ s \to b \to a$
b	∞	$\underline{2\ (s)}$	2	2	2	2	$\cdots\ s \to b$
c	∞	∞	∞	6 (a)	$\underline{6}$	6	$\cdots\ s \to b \to a \to c$
d	∞	∞	3 (b)	$\underline{3}$	3	3	$\cdots\ s \to b \to d$
e	∞	∞	∞	∞	6 (d)	$\underline{6}$	$\cdots\ s \to b \to d \to e$

問 9.4　例 9.5 の **Step.2** の 3 回目から 5 回目における各値 $(U, V, v_{\min}, u$ など) を求めよ．

9.3　マッチング問題

9.3.1　2 部グラフ

グラフ $G = (V, E)$ の頂点の集合 V が，空でない互いに素な 2 つの集合 V_1 と V_2 に分割でき，かつ，すべての辺の端点の一方が V_1 の頂点で，もう一方が V_2 の頂点であるとき，このグラフを **2 部グラフ** (bipartite graph) とよび，$BG = (V_1, V_2, E)$ と書く．

定義 9.3　2 部グラフ

$$
\begin{aligned}
BG =& (V_1, V_2, E) \\
& V_1 \cup V_2 = V, \quad V_1 \cap V_2 = \emptyset, \quad V_1 \neq \emptyset, \quad V_2 \neq \emptyset, \\
& E \subset V_1 \times V_2
\end{aligned}
$$

【例 9.6】 2部グラフ

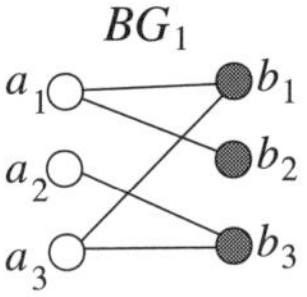

チーム A の選手の集合を $A=\{a_1, a_2, a_3\}$，チーム B の選手の集合を $B=\{b_1, b_2, b_3\}$ とする．チーム A の選手 $a \in A$ がチーム B の選手 $b \in B$ と1対1で試合をしたことがあるとき，辺 $\{a, b\}$ を設ければ，1つの2部グラフ $BG_1=(A, B, E)$ が定まる．この2部グラフ BG_1 は，右図のように，A の要素を○，B の要素を●に色分けして描くことができる．

2部グラフ BG_1 の頂点を2種類に色分けできたのは，この例に限ったことではなく，一般の2部グラフにおいても成り立つ．すなわち，2部グラフであることと，頂点を2種類の色で塗り分ける（隣接している頂点は異なる色）こととは同値である[2]．隣接する頂点には異なる色を塗ることができるかどうかは，彩色問題とよばれている（☞9.5節）．

問 9.5　下図の G_7, G_8, G_9 の中で，2部グラフにあたるものを選べ．

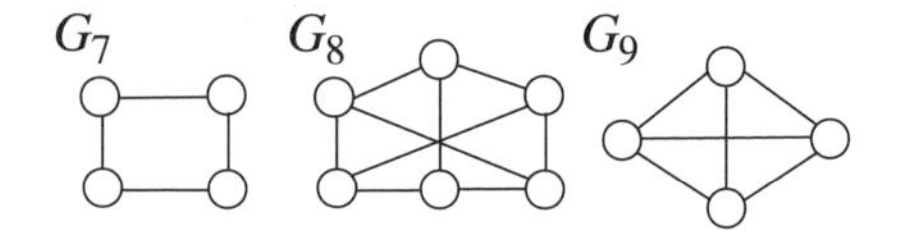

9.3.2 完全2部グラフ

2部グラフ (V_1, V_2, E) において，すべての $v_i \in V_1$ とすべての $v_j \in V_2$ の間に辺 (v_i, v_j) があれば，**完全2部グラフ** (complete bipartite graph) とよび，$|V_1| = m$，$|V_2| = n$ のとき $K_{m,n}$ と書く．

【例 9.7】 完全2部グラフ

$K_{3,2}$ と $K_{3,3}$ を右図にそれぞれ示す．$K_{3,2}$ の辺の本数は，3個の頂点と2個の頂点の対の組合せの数 $3\times2=6$ である．同様に，$K_{3,3}$ の辺の本数は，$3\times3=9$ である．

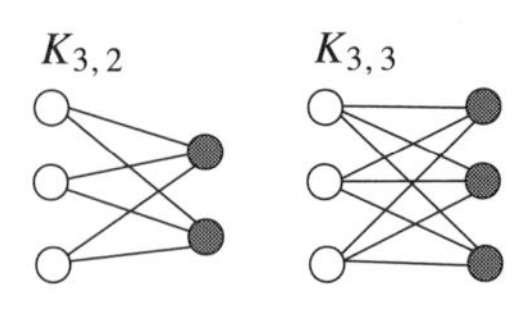

問 9.6　完全 2 部グラフ $K_{3,4}$ の図表現を描け.

9.3.3　Hall の定理

2 部グラフによって表現される問題の一つに**結婚問題** (marriage problem) がある[3].

> n 人の女性と m 人の男性がいて，各女性は何人かの男性と知り合いである ($n \leqq m$). すべての女性が知り合いの男性と結婚できる（カップルが組める）ためには，どんな条件が必要だろうか.

【例 9.8】 結婚問題

例 9.6 の 2 部グラフ BG_1 において，集合 A と B を，それぞれ，女性の集合 $\{f_1, f_2, f_3\}$ と男性の集合 $\{m_1, m_2, m_3\}$ とする．このとき，辺の集合 $M = \{\{f_1, m_2\}, \{f_2, m_3\}, \{f_3, m_1\}\}$ はすべての女性が結婚できるカップル（男女のペア）の一例にあたる.

この例のように，2 部グラフ $BG = (V_1, V_2, E)$ について，辺の集合 $M \subset E$ におけるどの 2 つの辺も同一の頂点を共有していないとき，M は**マッチング** (matching) とよばれる．このとき，ある辺 $e \in M$ が頂点 $v \in (V_1 \cup V_2)$ に接続しているとき，M が頂点 v で**飽和**している，または頂点 v が ***M* 飽和**であるという.

結婚問題のように，2 部グラフ $BG = (V_1, V_2, E)$ に対してマッチング $M \subset E$ を求める問題は，**マッチング問題** (matching problem) とよばれる．マッチング問題の解としては，次の **Hall の定理**が知られている.

定理 9.4　Hall の定理 (Hall's marriage theorem)

2 部グラフ $BG = (V_1, V_2, E)$ についてのマッチング問題において，マッ

[3] 「男性の集合」と「女性の集合」の間の結婚問題として知られている問題なので，ここでも結婚問題としたが，互いに素な 2 つの集合にあてはめることができる.

チング $M \subset E$ が存在するための必要十分条件は，

$$任意の U \subset V_1 に対し，|N(U)| \geqq |U|$$

が成立することである．ここで，$N(U)$ は U の頂点と隣接する V_2 の頂点の集合，すなわち，

$$N(U) = \{v_j | u_i \in U, \{u_i, v_j\} \in E\}.$$

問 9.7　5 人の学生 s_1, s_2, s_3, s_4, s_5 が，以下のようにクラブ C_1, C_2, C_3 のいずれか（複数個も可）に所属している．このとき，各クラブから代表者を 1 名選びたい．一人の学生は一つのクラブの代表者にしかなれない場合，各クラブの代表者を選ぶことができるだろうか．できる場合には，そのマッチングを一つ答えよ．

学生	C_1	C_2	C_3
s_1		○	
s_2			○
s_3	○	○	
s_4			○
s_5			○

9.3.4　完全マッチング問題

$|V_1| = |V_2| = n$ である 2 部グラフ $BG = (V_1, V_2, E)$ のもとで，マッチング M が $|M| = n$ を満たす，すなわち，すべての頂点がマッチング M いずれか 1 つの辺の端点となっているとき，M を**完全マッチング**といい，そのようなマッチングを求める問題を**完全マッチング問題** (perfect matching problem) という．

完全マッチング問題における解，すなわちマッチング M は，V_1 の要素と V_2 の要素の間の 1 対 1 の対応づけに相当する．いいかえると，M は，V_1 から V_2 への全単射のグラフに他ならない．

なお，マッチングならびに完全マッチングという概念は，一般のグラフ

$G = (V, E)$ に対してもあてはまる.

【例 9.9】 マッチング問題

4 人の学生 s_1, s_2, s_3, s_4 に 4 種類の卒研テーマ T_1, T_2, T_3, T_4 を割り当てる問題を考える. 各学生が興味をもっているテーマを次に示す.

学生	T_1	T_2	T_3	T_4
s_1	○	○		
s_2	○		○	○
s_3			○	
s_4	○		○	○

卒研テーマは, いずれも一人で研究する場合, 学生全員が興味をもつ卒研テーマに取り組むための組み合わせは, 次のとおりであり, これは完全マッチングにあたる.

$$\{\{s_1,\ T_2\},\ \{s_2,\ T_1\},\ \{s_3,\ T_3\},\ \{s_4,\ T_4\}\}$$

問 9.8　グラフ G における完全マッチング M を,「飽和」という用語を使って定義せよ.

9.4 平面的グラフ

9.4.1 平面描画

頂点と辺の位置を適当に配置することで (辺が交差しない) 平面描画が可能となるグラフを**平面的グラフ** (planar graph) という. そして, 平面的グラフを, 平面描画して得られるグラフを**平面グラフ** (plane graph) という.

【例 9.10】 平面的グラフ

例 7.12 の K_4 は, 辺が交差しているが, 次図の左のように点線の辺を右下の頂点の外側へ延ばすことで平面描画が可能である.

これに対し, 例 7.11 の K_5 は, 次図の左のように一部の辺が交差しないようにすることはできるが, どうしても辺の交差が残ってしまい, 平面描画することができない.

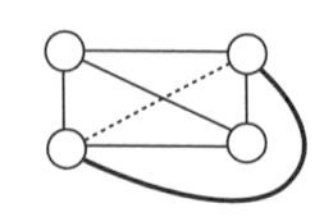

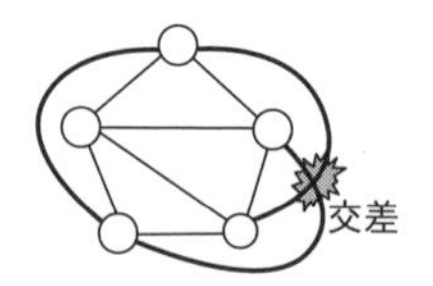

問 9.9　$K_{3,3}$ と $K_{4,3}$ が平面描画できるかどうか，それぞれ答えよ.

9.4.2　平面的グラフの諸性質

平面グラフは，平面をいくつかの**領域** (region) に分割する．グラフの外側も1つの領域とみなす．このため，任意の木の領域は1であり，右図の完全グラフ K_3 の領域数は2である.

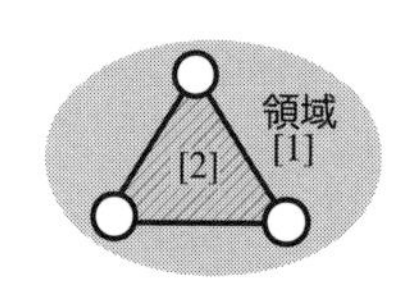

問 9.10　例7.5の G_5 を平面描画したときの領域数を答えよ.

平面的グラフについての定理を以下に示す.

ファーリの定理 (I.Fáry's theorem)
平面的グラフは，すべての辺がまっすぐな線分である平面描画をもつ.

【例 9.11】 ファーリの定理

例9.10では完全グラフ K_4 を平面描画したグラフに曲線が含まれているが，これは，右図のように例7.12で示した K_4'（同型写像 ϕ によって K_4 と同型）のようにすべての辺を直線として描くことができる.

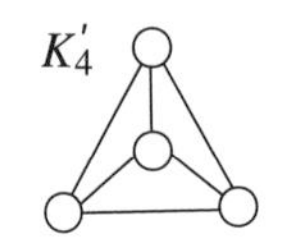

問 9.11　右図の G_8 を，すべての辺がまっすぐな平面描画として描け.

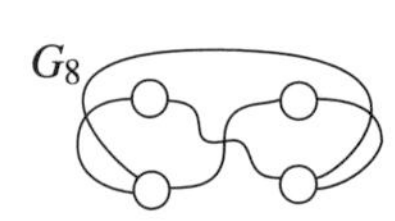

平面的グラフにおいて，領域に関して次の公式が成り立つ.

オイラーの公式

連結平面グラフ $G=(V,E)$ において，領域の個数 r としたとき，次式が成り立つ．

$$|V|-|E|+r=2.$$

この公式から，平面グラフの頂点の総数 $|V|$ が一定の場合，辺が多くなればなるほど平面描画が難しくなることがわかる．辺をどれだけ増やすことができるのかは次の不等式による．

平面グラフの辺の総数

頂点の総数が 3 個以上 ($|V| \geqq 3$) の単純グラフの平面グラフ $G=(V,E)$ は次式を満たす．

$$|E| \leqq 3|V|-6.$$

【例 9.12】 オイラーの公式

右図の完全グラフ K_4 の平面描画（例 9.11 の K_4'）の領域は 4 である．K_4 の頂点と辺の総数は，それぞれ，$|V|=4$, $|E|=6$ であり，オイラーの公式を満たす．

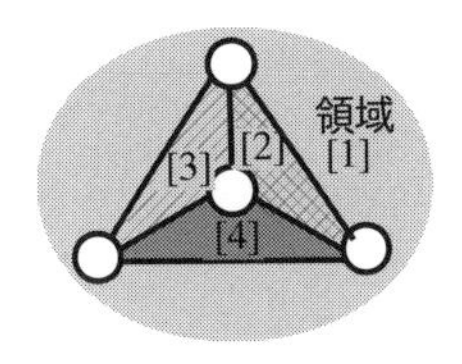

$$|V|-|E|+r=4-6+4=2.$$

また，上述の「平面グラフの辺の総数」の不等式ついても満たしている（等号が成り立つ）．

$$左辺=|E|=6, \quad 右辺=3\times|V|-6=3\times4-6=6.$$

問 9.12　K_5 が，オイラーの公式と「平面グラフの辺の総数」の不等式，それぞれを満たしているかどうかを確かめよ．

上述の不等式の等号が成り立つとき，すなわち，$|E|=3|V|-6$ を満たす単

純平面グラフでは，新しい辺を1つでも加えると，平面グラフでなくなってしまう．このため，等号が成り立つグラフを**極大平面的グラフ**という．極大平面的グラフでは，例9.12の K_4 のようにグラフの内側のすべての領域は3本の辺で囲まれている．

問 9.13　$|V| = 5$ の極大平面的グラフを描け．

2部グラフの平面描画については次の不等式が成り立つ．

2部グラフの平面グラフの辺の総数

頂点の総数が3個以上 ($|V| \geqq 3$) の単純な2部グラフの平面グラフ $G = (V, E)$ は次式を満たす．

$$|E| \leqq 2|V| - 4$$

問 9.14　$K_{3,3}$ が平面的グラフではないことを示せ．
（ヒント：単純な2部グラフの平面グラフの辺の総数の式を利用する）

9.4.3 同　相

1つの辺の途中に頂点を挿入する，あるいは，次数2の頂点を除くという操作を**細分** (subdivision) といい，細分を繰り返すことによって2つのグラフ G と G' を同型にできるときに両者は**同相** (homeomorphic) という．

【例 9.13】 グラフの同相

下図の G_{10} は，黒点を取り除けば K_4 と同型となることから K_4 と同相である．

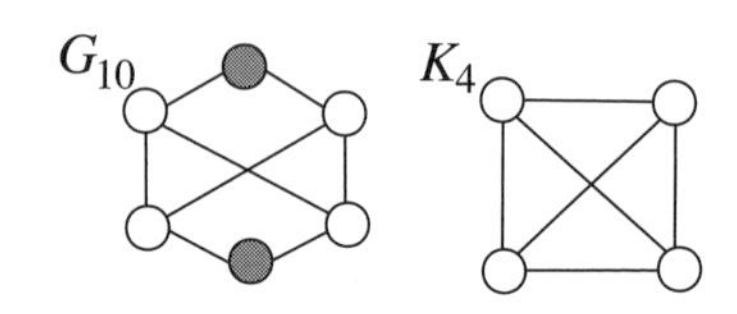

クラトウスキーの公式 (Kuratowski's theorem)

無向グラフ G が平面的であるための必要十分条件は，K_5 あるいは $K_{3,3}$ と同相な部分グラフを含まないことである．

【例 9.14】 クラトウスキーの公式

下図の G_{11} において，次数が 2 の頂点 f と g を取り除けば，完全グラフ K_5 が得られる．そのため，G_{11} は K_5 と同相であり，平面的ではない．

また，下図の G_{12} の場合，頂点 c と f を入れ替えて，描き直すと完全 2 部グラフ $K_{3,3}$ と同相である部分グラフを含み，平面的ではない．

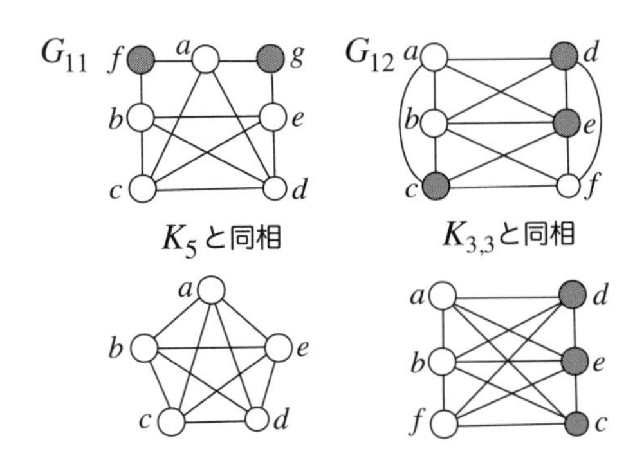

問 9.15 下図の G_{13} と G_{14} について，それぞれ，平面描画できるかどうかを調べ，できる場合には平面描画せよ．

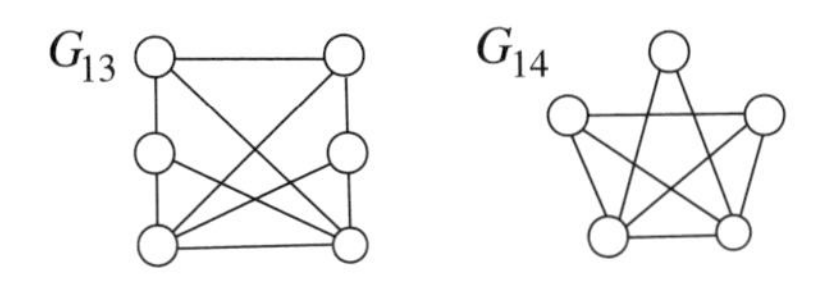

印刷回路

不導体の基板（プリント基板）上に配線を印刷して作られる電子回路は，印刷回路あるいはプリント配線といわれる．印刷回路では，与えられた電子回路の配線を交差させずに印刷できるかどうかが問題となる．電子回路からグラフを生成することができることから，得られたグラフが平面的グラフであれば交差させずに配線を印刷できることになる．

たとえば，下図の印刷回路において，新たに頂点 e と頂点 h の間に配線を設けようとしたとき，どうしても辺 $\{e, h\}$ は他の辺と交差してしまう．そのため，この新たな配線については，基板から浮かせて他の配線と接触しないようにするか，あるいは，基板に穴をあけて裏面を通す配線とすることでショート（短絡）を避ける方法がとられる．

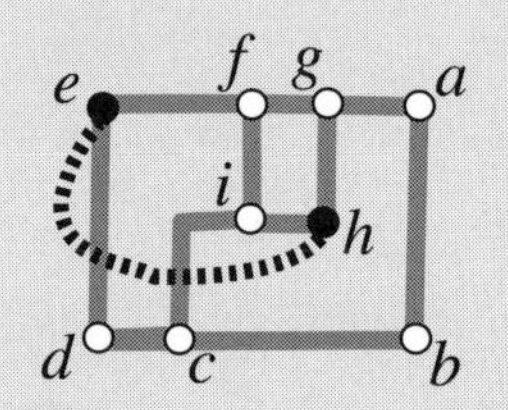

印刷回路以外に，ブレッドボードとジャンパ線を使って，電子回路を組む場合でもジャンパ線が交差するかどうかの判定に平面的グラフが役立つ．

9.5　彩色問題

100年以上も未解決であったグラフ理論の問題の1つが次の**4色問題**である．

> 地図が与えられたとき，隣り合っている2つの国（領域）には異なる色を塗る．このとき，すべての国（領域）を色分けするには4色あれば可能であるかどうか．

この問題は，イリノイ大学の Appel と Haken により，数学的に可能なすべての場合を，コンピュータを使って調べ，4色あれば塗り分けられることを証明された[4)]．

たとえば，日本地図からは，県庁所在地を頂点とし，隣接している県の頂点

4）理論的な証明はいまだに示されていないため，未解決問題であるとする人もいる．

を辺でつなげるとグラフが得られる．このように，地図を塗り分ける問題は，「グラフ G が与えられたとき，隣接した頂点どうしには異なる色を塗るように色分ける問題」に置き換えられ，グラフの**彩色問題**とよばれている．G を自己ループがない単純グラフとしたとき，k 個の色により，G を彩色できたとき，G は k-**彩色可能** (k-colorable) であるという．このときの k を G の**彩色数** (chromatic number) という．

【例 9.15】 彩色問題

下図の東北地方の地図において，県庁所在地を頂点とし，隣接している県の場合，県庁所在地を端点とする辺を設けることで，グラフが構成される．このグラフは，3 色で彩色できる．

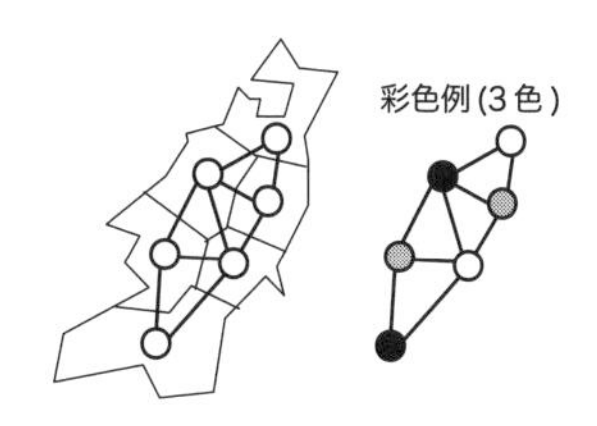

一般に，グラフ G は $k \geqq 4$ なる k に対して k-彩色可能であり，特に，2 部グラフは 2-彩色可能である．

レジスタ割り当て問題

彩色問題の応用例の 1 つに，プログラム中の変数への**レジスタ** (register) 割り当て問題がある．あるプログラムがコンピュータで実行されるとき，変数（の値）はレジスタ（メモリの一種）に格納される．ある計算式中で同時に現れている変数（たとえば，次図の x=y+5 の x と y）は，別々のレジスタに割り当てられる必要がある．

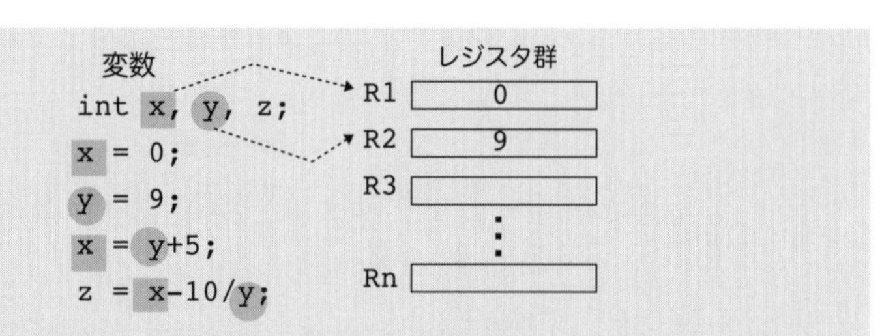

プログラムに含まれている変数を頂点とし，同じ式に同時に現れている2つの変数を辺で接続することでグラフ G を構成することができる．このとき，G の彩色数がレジスタの総数 n であれば割り当て可能であり，そうでなければ計算式を見直す必要がでてくる．こういった割り当ては，**コンパイラ** (compiler) が行っている．

問 9.16　7つのアトラクションがあるテーマパークを訪れた15名の生徒が，それぞれ2つのアトラクションを選んだ結果をグラフで描いたのが下図の G_{15} である．アトラクションを頂点とし，各生徒が選んだ2つのアトランションを辺で結んでいる．1つのアトラクションは30分かかるとし，あるアトランションを体験するときには，希望者全員が入場できるものとする．このとき，選んだアトラクションを全員が体験し終わるには，最短で何分かかるだろうか．

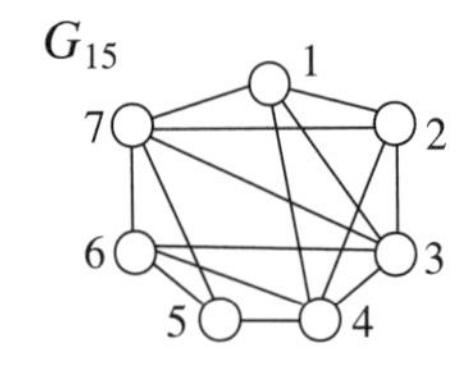

9.6　グラフの強連結成分への分解

9.6.1　強連結成分

無向グラフにおいて，2つの頂点 u, v が連結している（u と v を端点とする道が存在する）とき，関係 $u \twoheadrightarrow v$ は同値関係であることを述べた（☞7.2.2 項）．この関係は，有向グラフにおいてもあてはめることができる．すなわち，有向グラフ $G = (V, E)$ において，頂点 u から v への道があるとき，この関係 $\twoheadrightarrow$ が成り立つとすれば，この関係をもとに V を同値類 $V_1, V_2, \ldots, V_m$ に分割することができる．そして，V_i による誘導部分グラフ G_i を G の**強連結成分** (strongly connected component) という [5]．

さらに，2 つの強連結成分 G_i, G_j に対して，「G_i の頂点 u から G_j の頂点 v への道が存在する」とき，関係 $\prec$ が成り立つとし，$G_i \prec G_j$ と書く．この関係をもとにすれば，強連結成分を頂点とした有向グラフを構成することができる．

【例 9.16】 強連結成分

右図の G_{16} は 3 つの強連結成分 S_1, S_2, S_3 に分割でき，それらの間には，$S_1 \prec S_2 \prec S_3$ が成り立ち，G'_{16} として描かれる．なお，G_{16} から G'_{16} は行列操作によって求めることができる．その方法は 9.6.2 項で詳しく述べる．

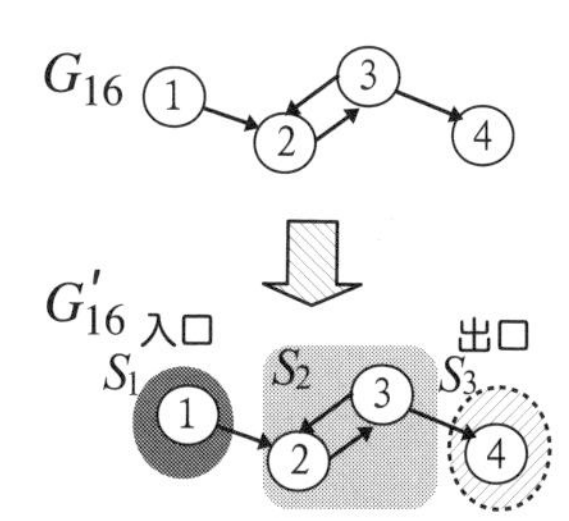

グラフ全体に対する強連結成分のことを，システム工学の分野では，システム全体に対する**サブシステム** (subsystem) とよぶ．そのため，ここで述べた強連結成分への分割は，サブシステムへの分割あるいはシステムの階層化とよばれる．

9.6.2　強連結成分への分割

与えられた有向グラフの中から強連結成分を選びだし，強連結成分からなる有向グラフの求め方を次に示す [6]．

---

5) 1 つの強連結成分からなるグラフが強連結グラフ（☞7.3.2 項）である．
6) 古川, 荒井, 吉村, 浜:『システム工学』, コロナ社 (2000) より．

定義 9.5　強連結成分への分割法

Step.1　次数 n の有向グラフの隣接行列 $\boldsymbol{A}$ と単位行列 $\boldsymbol{I}$ の和を $\boldsymbol{L}$ とし，**到達可能行列** $\boldsymbol{L}^{\langle R\rangle} = \boldsymbol{L}^{\langle n-1\rangle} = (\boldsymbol{I}+\boldsymbol{A})^{\langle n-1\rangle}$ を求める．ここで，$\boldsymbol{A}$ と $\boldsymbol{I}$ は $n\times n$ の正方行列である．

Step.2　$\boldsymbol{L}^{\langle R\rangle}$ の中で，すべてが 1 の行（にあたる頂点）i を入口とし，強連結成分とする（複数個あればそれらが 1 つの強連結成分となる）．対角要素以外がすべて 0 の行（にあたる頂点）j を出口とし，強連結成分とする．もし，すべての成分が 1 であれば，すべての頂点を強連結成分として終了．いずれにもあてはまらなければ終了．

Step.3　$\boldsymbol{L}^{\langle R\rangle}$ のうち，入口にあたる i 行と i 列，出口にあたる j 行と j 列をそれぞれ削除する．これにより得られた行列を新たな $\boldsymbol{L}^{\langle R\rangle}$ とし，**Step.2** へ戻る．

【例 9.17】 強連結成分への分割

有向グラフ G_{16} に対する強連結成分への分割手順の適用例は次のとおり．

Step.1　$\boldsymbol{A}$ と $\boldsymbol{L}$ はそれぞれ次式となる．

$$\boldsymbol{A} = \begin{bmatrix} 0 & 1 & 0 & 0 \\ 0 & 0 & 1 & 0 \\ 0 & 1 & 0 & 1 \\ 0 & 0 & 0 & 0 \end{bmatrix} \begin{matrix} ① \\ ② \\ ③ \\ ④ \end{matrix}, \quad \boldsymbol{L} = \begin{bmatrix} 1 & 1 & 0 & 0 \\ 0 & 1 & 1 & 0 \\ 0 & 1 & 1 & 1 \\ 0 & 0 & 0 & 1 \end{bmatrix} \begin{matrix} ① \\ ② \\ ③ \\ ④ \end{matrix}$$

さらに，$\boldsymbol{L}^{\langle R\rangle} = \boldsymbol{L}^{\langle 3\rangle}$ である．

Step.2　$\boldsymbol{L}^{\langle R\rangle}$ より，頂点 1 が入口，頂点 4 が出口になる．

それぞれを強連結成分とする．

Step.3　入口と出口にあたる，1 行目，1 列目，4 行目，4 列目をすべて削除する．

Step.2　2×2 の $\boldsymbol{L}^{\langle R\rangle}$ の成分はすべて 1 であることから，頂点 2 と頂点 3 は強連結成分である．

以上より，強連結成分からなる有向グラフは次図のとおり．

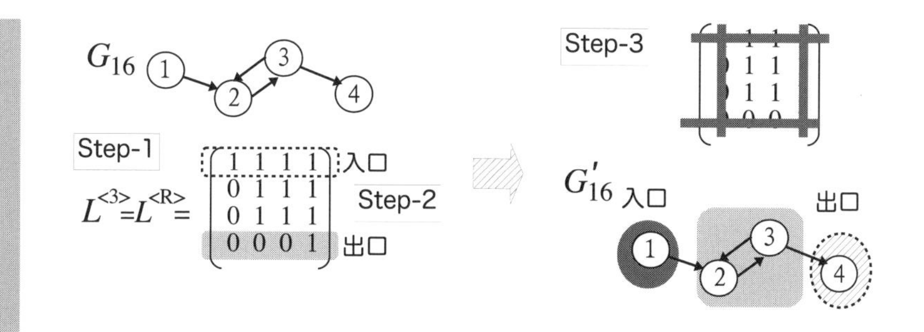

問 9.17　下図の有向グラフ G_{17} を強連結成分に分割すると，G'_{17} が得られることを確かめよ．

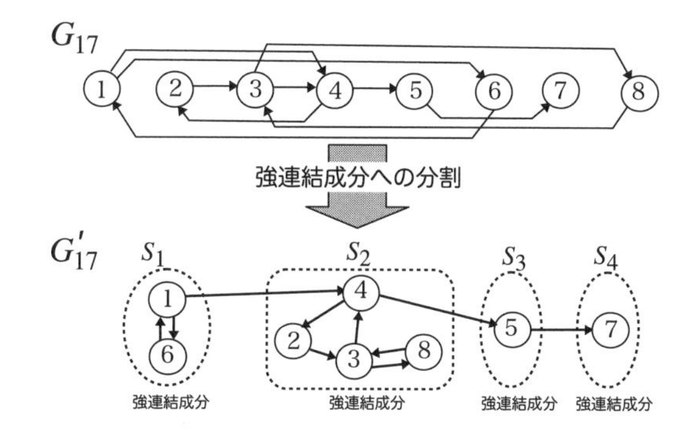

9.7　プログラムのグラフによる解析

木のなぞり（☞8.2.3 項）において，算術式が木として表せること，また，彩色問題（☞9.5 節）において，コンパイラでのレジスタ割り当てにその解法が応用されていることをそれぞれ述べた．この他にもプログラムの解析にグラフが活用されている．

プログラムに含まれている文は，制御文（条件分岐，繰り返し），関数呼び出し以外であれば，基本的には記述順に逐次処理される．その場合，たとえば，`i=1;` と `j=10;` の 2 つの文では，どちらが先に実行されても計算結果は同じである．しかしながら，`x=i+1;` と `i=1;` では，どちらを先に実行するのかで計算結果が変わってくる．そこで，2つの文 s, s' の間で，s は s' よりも先に実行することを $s \dashrightarrow s'$ と表すことにする．このとき，プログラムの各文を頂点とし，関係 $\dashrightarrow$ が成り立つ文どうしを有向辺とした有向グラフが構成される．このようにしてできた有向グラフは**先行（優先）グラフ** (precedence graph) とよばれる[2, 3].

【例 9.18】 プログラムの実行順序

次のプログラムを考える[7].

```
1:  i = 3;
2:  j = 1;
3:  x = i+j;
4:  k = 10;
5:  y = 2*k;
6:  z = x*y;
```

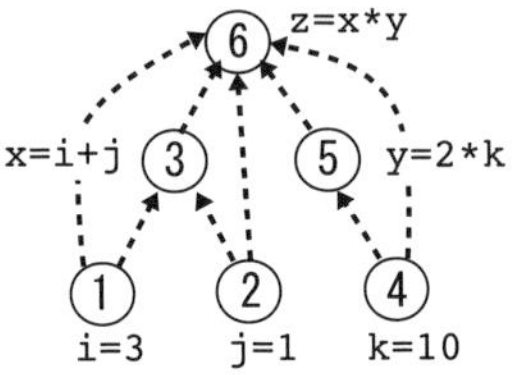

このプログラムの先頭の n: は行番号を表す．通常，プログラムは，実行したい順に文を述べる．しかしながら，このプログラムの場合，1行目と2行目はどちらが先であっても実行結果に影響はない．その一方で，3行目は，1行目と2行目が実行された後でなければならない．このことは，プログラムの先行グラフによって上図のように表される．

上図の先行グラフにおいて，①は③と⑥への有向辺の始点であり，③と⑥よりも先に実行すべき文である．同様に②は③と⑥への有向辺の始点であり，②もまた，③と⑥よりも先に実行すべきである．しかしながら，①と②には有向辺がなく，実行順は問わず，並列に実行してもかまわない．さらに④は⑤と⑥よりも先に実行すべき文である．

このように，変数の値の伝わり方をもとに実行文の先行順序関係を作ることで逐次的に実行すべき文と並列的に実行できる文が明らかにでき，①と②と同様に④も並列に実行してもかまわない．

なお，プログラムからグラフを生成して解析することは，ここで示した並列実行の可能性の検討の他，コンパイル時の最適化やプログラムの検証などで行われている．

---

[7] C 言語を想定しているが，変数宣言は省略している．

問 9.18　次のプログラムの先行グラフを描き，並列的に実行してよい文を特定せよ．なお，プログラムは紙面の都合上，2 段で示した．

```
1:  i = 0;          4:  x = j+i;
2:  j = 1;          5:  z = x+1;
3:  y = i+1;        6:  z = x+y;
```

章末問題

9.1　下図のネットワーク G_{18} について，各頂点への最短経路を求めよ．

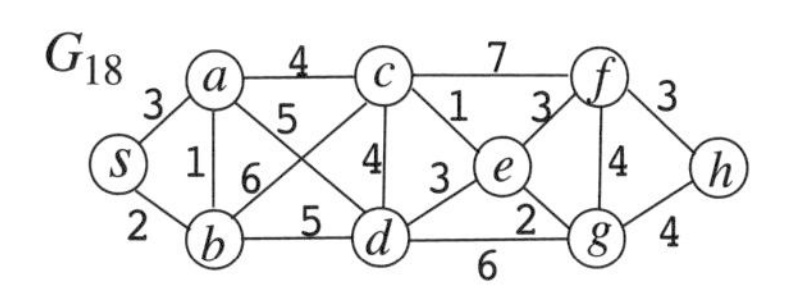

9.2　あるグラフの隣接行列 $\boldsymbol{A}$ が $n \times n$ 型であるとき，$\boldsymbol{I}$ を n 次の単位行列とする．このとき，$\boldsymbol{L} = \boldsymbol{A} \oplus \boldsymbol{I}$ とし，$\boldsymbol{L}^{\langle n \rangle}$ $(n \geqq 1)$ を求めたとき，次式が成り立つことを示せ．

$$\boldsymbol{L}^{\langle n \rangle} = \boldsymbol{I} \oplus \boldsymbol{A} \oplus \boldsymbol{A}^{\langle 2 \rangle} \oplus \cdots \oplus \boldsymbol{A}^{\langle n \rangle}$$

また，$\boldsymbol{L}^{\langle n-1 \rangle} = \boldsymbol{L}^{\langle n \rangle} = \boldsymbol{L}^{\langle n+1 \rangle}$ が成り立つことも示せ．

9.3　極大平面的グラフでは，グラフの内側のすべての領域は 3 本の辺で囲まれる理由を答えよ．

付録 A
行列の基礎

この付録では，本文の理解に必要な範囲について述べる．

A.1　行列の種類

数や記号を次のように並べたものを**行列** (matrix) という．

$$\boldsymbol{M} = \begin{pmatrix} a_{11} & a_{12} & a_{13} \\ a_{21} & a_{22} & a_{23} \end{pmatrix}, \quad \boldsymbol{I} = \begin{pmatrix} 1 & 0 & 0 \\ 0 & 1 & 0 \\ 0 & 0 & 1 \end{pmatrix}$$

一般的には，行列において，横の並びを**行** (row) といい，上から順に第 1 行，第 2 行，$\cdots$ という．一方，縦の並びを**列** (column) といい，左から順に第 1 列，第 2 列，$\cdots$ という．第 i 行と第 k 列の交差する位置にある要素を $(i,\ k)$ **成分**といい，a_{ik} とかく．そして，行列全体を，(a_{ik}) と略記することもある．

m 個の行と n 個の列をもつ行列を $m \times n$ **型行列**，$m \times n$ を行列の**型**という．上記の行列 $\boldsymbol{M}$ と $\boldsymbol{I}$ の型は，それぞれ 2×3 と 3×3 である．

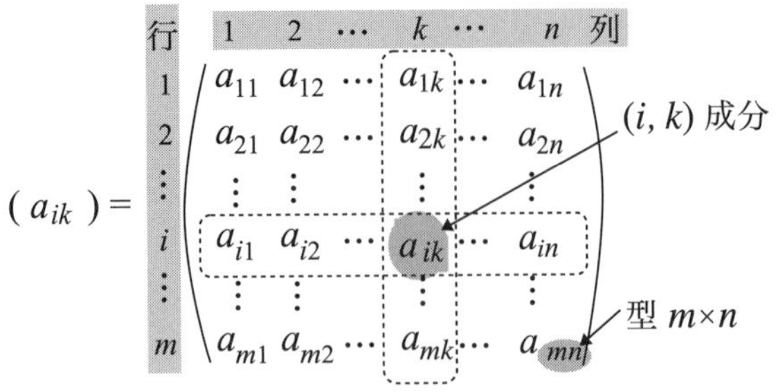

$$(a_{ik}) = \begin{pmatrix} a_{11} & a_{12} & \cdots & a_{1k} & \cdots & a_{1n} \\ a_{21} & a_{22} & \cdots & a_{2k} & \cdots & a_{2n} \\ \vdots & \vdots & & \vdots & & \vdots \\ a_{i1} & a_{i2} & \cdots & a_{ik} & \cdots & a_{in} \\ \vdots & \vdots & & \vdots & & \vdots \\ a_{m1} & a_{m2} & \cdots & a_{mk} & \cdots & a_{mn} \end{pmatrix}$$

行列に関する主な用語は次のとおり．

正方行列　上記の $\boldsymbol{I}$ のように行と列に同じだけの成分が並んでいる，すなわち，サイズが $n \times n$ である行列を n **次の正方行列** (square matrix) という．前記の $\boldsymbol{I}$ は 3 次の正方行列である．

零行列　成分がすべて 0 の行列を**零行列** (zero matrix) といい，$\boldsymbol{O}$ と書く．

単位行列　n 次の正方行列の (i,i) 成分，すなわち，$a_{11}, a_{22}, \ldots, a_{nn}$ を**対角成分** (diagonal) とよび，これらがすべて 1 で，その他の要素がすべて 0 である行列を**単位行列** (unit matrix) といい，$\boldsymbol{I}$ または $\boldsymbol{E}$ と書く．前記の $\boldsymbol{I}$ は 3 次の単位行列である．

対称行列　各成分 (i,j) について，$(i,j) = (j,i)$ が成り立つとき，**対称行列**という．

転置行列　$m \times n$ 型の行列 $\boldsymbol{A}$ の行と列を入れ換えた $n \times m$ 型の行列を**転置行列**といい，${}^t\boldsymbol{A}$ または $\boldsymbol{A}^{\mathrm{T}}$ と書く．ここで，${}^t\boldsymbol{A}$ の各成分 (k,i) は，$\boldsymbol{A}$ の (i,k) である．

【例 A.1】 対称行列と転置行列

$\begin{pmatrix} 1 & 0 & 1 \\ 0 & 0 & 1 \\ 1 & 1 & 0 \end{pmatrix}$ は対称行列であり，$\begin{pmatrix} 1 & 1 & 1 \\ 0 & 0 & 0 \\ 1 & 1 & 1 \end{pmatrix}$ の転置行列は，$\begin{pmatrix} 1 & 0 & 1 \\ 1 & 0 & 1 \\ 1 & 0 & 1 \end{pmatrix}$ である．

A.2 行列の演算（和，差，スカラー倍）

行列の成分が実数である行列どうしの演算（和，差，スカラー倍）では，演算中の $+, -, \times$ は実数上の加減乗算である．

2×2 型行列 $\boldsymbol{A}$ と $\boldsymbol{B}$ の和，差，スカラー倍はそれぞれ次のとおり．

和　$\boldsymbol{A}+\boldsymbol{B} = \begin{pmatrix} a_{11} & a_{12} \\ a_{21} & a_{22} \end{pmatrix} + \begin{pmatrix} b_{11} & b_{12} \\ b_{21} & b_{22} \end{pmatrix} = \begin{pmatrix} a_{11}+b_{11} & a_{12}+b_{12} \\ a_{21}+b_{21} & a_{22}+b_{22} \end{pmatrix}$

差　$\boldsymbol{A}-\boldsymbol{B} = \begin{pmatrix} a_{11} & a_{12} \\ a_{21} & a_{22} \end{pmatrix} - \begin{pmatrix} b_{11} & b_{12} \\ b_{21} & b_{22} \end{pmatrix} = \begin{pmatrix} a_{11}-b_{11} & a_{12}-b_{12} \\ a_{21}-b_{21} & a_{22}-b_{22} \end{pmatrix}$

スカラー倍　$k\boldsymbol{A} = k\begin{pmatrix} a_{11} & a_{12} \\ a_{21} & a_{22} \end{pmatrix} = \begin{pmatrix} ka_{11} & ka_{12} \\ ka_{21} & ka_{22} \end{pmatrix}$　（k は定数）

一般的に，$m \times n$ 型行列の場合，同じ成分 (i, j) どうしで和・差・スカラー積が行われる．($i=1, \ldots, m$, $j=1, \ldots, n$).

【例 A.2】 行列の演算

$$\begin{pmatrix} 3 & 2 \\ 1 & 0 \end{pmatrix} + \begin{pmatrix} 0 & -1 \\ 3 & -2 \end{pmatrix} = \begin{pmatrix} 3 & 1 \\ 4 & -2 \end{pmatrix}$$

$$2\begin{pmatrix} 3 & 2 \\ 1 & 0 \end{pmatrix} - \begin{pmatrix} 0 & -1 \\ 3 & -2 \end{pmatrix} = \begin{pmatrix} 6 & 5 \\ -1 & 2 \end{pmatrix}$$

A.3　行列の演算（積）

行列 $\boldsymbol{A}$ と $\boldsymbol{B}$ の型が，それぞれ $m \times \underline{n}$ と $\underline{n} \times l$ であるとき，行列の**積** $\boldsymbol{AB}$ は $m \times l$ 型の行列となる．この計算の基本になるのは，次式に示す $1 \times \underline{2}$ と $\underline{2} \times 1$ の積であり，結果は 1×1 型になる（カッコを付けずに書く）．

$$\begin{pmatrix} a & b \end{pmatrix} \begin{pmatrix} p \\ q \end{pmatrix} = a \times p + b \times q$$

そして，$2 \times \underline{2}$ 型行列と $\underline{2} \times 2$ 型行列の積では，$1 \times \underline{2}$ と $\underline{2} \times 1$ の積が 4 回行われ，次の 2×2 型行列が得られる．

$$\begin{pmatrix} a & b \\ c & d \end{pmatrix} \begin{pmatrix} p & r \\ q & s \end{pmatrix} \text{ を } \left(\begin{pmatrix} a & b \end{pmatrix} \atop \begin{pmatrix} c & d \end{pmatrix} \right) \left(\begin{pmatrix} p \\ q \end{pmatrix} \quad \begin{pmatrix} r \\ s \end{pmatrix} \right) \text{ とみなし，}$$

$$\left(\begin{pmatrix} a & b \end{pmatrix} \atop \begin{pmatrix} c & d \end{pmatrix} \right) \left(\begin{pmatrix} p \\ q \end{pmatrix} \quad \begin{pmatrix} r \\ s \end{pmatrix} \right) = \begin{pmatrix} a \times p + b \times q & a \times r + b \times s \\ c \times p + d \times q & c \times r + d \times s \end{pmatrix}.$$

【例 A.3】 行列の積

2×2 型行列どうしの積は次のとおり．

$$\begin{pmatrix} 2 & 1 \\ 1 & 2 \end{pmatrix} \begin{pmatrix} 3 & 2 \\ 4 & 1 \end{pmatrix} = \begin{pmatrix} 2 \times 3 + 1 \times 4 & 2 \times 2 + 1 \times 1 \\ 1 \times 3 + 2 \times 4 & 1 \times 2 + 2 \times 1 \end{pmatrix} = \begin{pmatrix} 10 & 5 \\ 11 & 4 \end{pmatrix}$$

$$\begin{pmatrix} 3 & 2 \\ 4 & 1 \end{pmatrix} \begin{pmatrix} 2 & 1 \\ 1 & 2 \end{pmatrix} = \begin{pmatrix} 3 \times 2 + 2 \times 1 & 3 \times 1 + 2 \times 2 \\ 4 \times 2 + 1 \times 1 & 4 \times 1 + 1 \times 2 \end{pmatrix} = \begin{pmatrix} 8 & 7 \\ 9 & 6 \end{pmatrix}$$

この例からわかるように，行列の積の場合，一般的には $\boldsymbol{AB} = \boldsymbol{BA}$ は成り立たない．また，3×3 型行列どうしの積は次のとおり．

$$\begin{pmatrix} 1 & 2 & 3 \\ 2 & 0 & 1 \\ 3 & 1 & 0 \end{pmatrix} \begin{pmatrix} 1 & 0 & 0 \\ 0 & 2 & 0 \\ 0 & 0 & 3 \end{pmatrix} = \begin{pmatrix} 1 & 4 & 9 \\ 2 & 0 & 3 \\ 3 & 2 & 0 \end{pmatrix}$$

一般的に，$m \times l$ 型行列 $\boldsymbol{A}$ と $l \times n$ 型行列 $\boldsymbol{B}$ の積 $\boldsymbol{AB}$ は $m \times n$ 型行列となり，その成分 c_{ij} は次式となる．

$$c_{ij} = \sum_{k=1}^{l} a_{ik} b_{kj} = a_{i1} b_{1j} + a_{i2} b_{2j} + \cdots + a_{il} b_{lj}$$

A.4 行列の演算法則

行列 $\boldsymbol{A}, \boldsymbol{B}, \boldsymbol{C}$，単位行列 $\boldsymbol{I}$，零行列 $\boldsymbol{O}$ をいずれも型が同じ正方行列とするとき，次の法則が成り立つ [1]．

交換法則　$\boldsymbol{A} + \boldsymbol{B} = \boldsymbol{B} + \boldsymbol{A}$

結合法則　$(\boldsymbol{AB})\boldsymbol{C} = \boldsymbol{A}(\boldsymbol{BC})$

　　　　　$(k\boldsymbol{A})\boldsymbol{B} = k(\boldsymbol{AB})$

分配法則　$(\boldsymbol{A} + \boldsymbol{B})\boldsymbol{C} = \boldsymbol{AC} + \boldsymbol{BC}$

　　　　　$\boldsymbol{A}(\boldsymbol{B} + \boldsymbol{C}) = \boldsymbol{AB} + \boldsymbol{AC}$

単位行列　$\boldsymbol{AI} = \boldsymbol{IA} = \boldsymbol{A}$

零行列　$\boldsymbol{A} + \boldsymbol{O} = \boldsymbol{A}$

　　　　　$\boldsymbol{AO} = \boldsymbol{OA} = \boldsymbol{O}$

[1] 正方行列以外であっても，型が同じなど，条件が揃えば成り立つ場合もある．

なお，行列 $\boldsymbol{A}$ どうしの積 $\boldsymbol{AA}$ を $\boldsymbol{A}^2$ と表す．これにより，$\boldsymbol{A}^3{=}\boldsymbol{A}^2\boldsymbol{A}$ である．一般的には，$\boldsymbol{A}^0 = \boldsymbol{I}$ とし，$\boldsymbol{A}^n{=}\boldsymbol{A}^{n-1}\boldsymbol{A}$ である $(n \geqq 1)$.

A.5 0-1 行列

要素が 0 または 1 である行列を **0-1 行列** (zero-one matrix) あるいは **2 値行列** (binary matrix) という．0-1 行列についての和積は，一般的な和積と区別するために $\oplus$ と $\otimes$ を演算子とし，次式にしたがう．

$$0 \oplus 0{=}0, \quad 0 \oplus 1{=}1, \quad 1 \oplus 0{=}1, \quad 1{\oplus}1{=}1,$$
$$0 \otimes 0{=}0, \quad 0 \otimes 1{=}0, \quad 1 \otimes 0{=}0, \quad 1 \otimes 1{=}1$$

0-1 行列の和積の演算 $(\oplus, \otimes)$ は，0 と 1 を F と T に対応させたとき，論理演算における論理和 $(\vee)$ と論理積 $(\wedge)$ にそれぞれ対応している．

和　$$\boldsymbol{A} \oplus \boldsymbol{B} = \begin{pmatrix} a_{11} & a_{12} \\ a_{21} & a_{22} \end{pmatrix} \oplus \begin{pmatrix} b_{11} & b_{12} \\ b_{21} & b_{22} \end{pmatrix} = \begin{pmatrix} a_{11} \oplus b_{11} & a_{12} \oplus b_{12} \\ a_{21} \oplus b_{21} & a_{22} \oplus b_{22} \end{pmatrix}$$

積　$$\boldsymbol{A} \otimes \boldsymbol{B} = \begin{pmatrix} a_{11} & a_{12} \\ a_{21} & a_{22} \end{pmatrix} \otimes \begin{pmatrix} b_{11} & b_{12} \\ b_{21} & b_{22} \end{pmatrix}$$
$$= \begin{pmatrix} a_{11} \otimes b_{11} \oplus a_{12} \otimes b_{21} & a_{11} \otimes b_{12} \oplus a_{12} \otimes b_{22} \\ a_{21} \otimes b_{11} \oplus a_{22} \otimes b_{21} & a_{21} \otimes b_{12} \oplus a_{22} \otimes b_{22} \end{pmatrix}$$

なお，0-1 行列 $\boldsymbol{B}$ どうしの積 $\boldsymbol{B} \otimes \boldsymbol{B}$ を $\boldsymbol{B}^{\langle 2 \rangle}$ と表す．これにより，$\boldsymbol{A}^{\langle 3 \rangle}{=}\boldsymbol{A}^{\langle 2 \rangle} \otimes \boldsymbol{A}$ である．一般的には，$\boldsymbol{A}^{\langle 0 \rangle} = \boldsymbol{I}$ とし，$\boldsymbol{A}^{\langle n \rangle}{=}\boldsymbol{A}^{\langle n-1 \rangle} \otimes \boldsymbol{A}$ である $(n \geqq 1)$.

【例 A.4】 0-1 行列の演算

$$\begin{pmatrix} 1 & 0 \\ 1 & 0 \end{pmatrix} \oplus \begin{pmatrix} 0 & 1 \\ 1 & 0 \end{pmatrix} = \begin{pmatrix} 1 \oplus 0 & 0 \oplus 1 \\ 1 \oplus 1 & 0 \oplus 0 \end{pmatrix} = \begin{pmatrix} 1 & 1 \\ 1 & 0 \end{pmatrix}$$
$$\begin{pmatrix} 1 & 0 \\ 1 & 0 \end{pmatrix} \otimes \begin{pmatrix} 0 & 1 \\ 1 & 0 \end{pmatrix} = \begin{pmatrix} 1 \otimes 0 \oplus 0 \otimes 1 & 1 \otimes 1 \oplus 0 \otimes 0 \\ 1 \otimes 0 \oplus 0 \otimes 1 & 1 \otimes 1 \oplus 0 \otimes 0 \end{pmatrix} = \begin{pmatrix} 0 & 1 \\ 0 & 1 \end{pmatrix}$$

付録 B
Python による行列計算

B.1 Python のインストール

Python は，オープンソースのプログラミング言語ならびにこの言語で書かれたプログラムの言語処理系（インタプリタ）の総称である．Python には，あらかじめ用意されている関数やライブラリ（モジュールとよばれる）が豊富で，さまざまな分野のプログラムを記述するのに比較的少ない量で済むなどから，利用者が増えている言語の 1 つである．以下では，本書で取りあげた行列演算のやり方について述べる [1]

Python は，ターミナルウィンドウ [2] のもとで，コマンド「python」の入力で起動される（「$」はターミナル上のシェルのプロンプト）．

```
$ python
Python 3.7.1 (default, Nov 15 2018, 15:44:35)
        .... 中    略 ....
>>>
```

起動時にバージョン情報等に関する情報が表示されたのち，Python のプロンプト「>>>」が現れる．このプロンプトに対してプログラムを入力すれば，その実行結果が表示される．このようなプログラムの入力と結果の出力の繰り返し（対話的処理）によって Python によるプログラミングが進められる．

なお，アプリケーションを終了するには，quit() を入力する．

B.2 Python の基礎概念

行単位で実行される．複数行にわたる場合には行末に \ をつけて改行する．

---

[1] Python のインストールは https://www.anaconda.com/distribution/ などを参照．
[2] たとえば，Windows では「コマンドプロンプト」，MacOS では「ターミナル」にあたる．

なお，プロンプトに対してプログラムを入力するときに，先頭文字を空白にはしない[3]．

変数	英字で始まる英数字（A∼Z, a∼z, 0∼9）と特殊文字（_）の文字列．大文字と小文字は区別される．
数	int 型（自然数，整数），float 型（実数）として表現される．浮動小数点数は 1e2, 1e-2 と表記する（それぞれ，100.0 と 0.01）．
算術演算子	加減乗除は，+, -, *, /，ベキ乗 は **．演算子には優先順位あり，2*3**2+4*5 $\Longrightarrow$ 38.
論理値	真偽値は True, False.
比較演算子	不等号・等号の $>, \geqq, <, \leqq, =, \neq$ は，順に >, >=, <, <=, ==, !=．計算結果は真ならば True，偽ならば False.
論理演算子	$\wedge, \vee, \neg$ は, and, or, not．計算結果は真ならば True，偽ならば False.
コメント記号	「#」はコメントのはじまりを表す．この記号から行末までは実行されない．

B.3　行列の演算

Python では，行列における行の要素をコンマ，で区切り，1 行を [,] でくくる．さらに，複数行の配列は，行全体を [,] でくくる．そのため，たとえば，

$\boldsymbol{M} = \begin{pmatrix} a_{11} & a_{12} \\ a_{21} & a_{22} \end{pmatrix}$ は，　[[a_{11}, a_{12}], [a_{21}, a_{22}]] と表す．

この [,] による表記は Python ではリストあるいは配列にあたるものである．

この表記に対する行列演算をモジュール「numpy」を利用して行う方法を以下に示す[4]．「import numpy」を入力することで，numpy.xxx として，numpy の関数 xxx が利用できる．まず，行列を使い始める場合には，次の実行例のように，行列の要素 [[1,0],[1,1]] を numpy.matrix の引数とする．

```
>>> numpy.matrix([[1,0],[1,1]])
```

3) 空白を追加するとインデントとみなされ，構文エラーになる．
4) 別途，numpy のインストールが必要である．たとえば，pip install numpy による．

```
matrix([[1, 0],
        [1, 1]])
>>> A=numpy.matrix([[1,0],[1,1]]) # 変数への行列の代入
>>> A
matrix([[1, 0],
        [1, 1]])
```

numpy.matrix の代わりに，numpy.array を用いても行列を生成できる．

```
>>> numpy.array([[1,0],[1,1]])
array([[1, 0],
       [1, 1]])
```

numpy.array で生成された行列に対しても，以下に示す計算と同じことが行えるが，行列の積を求める関数に違いがみられるなど注意すべきことはある．以下では，本書における例題を計算する上で，不都合のない範囲での使い方を説明する．

numpy がもつ，行列計算のための関数には次表のものがある．

項 目	関 数	説明と例
単位行列	numpy.eye(m,dtype=D)	要素が D 型の $m \times m$ の単位行列 例：numpy.eye(3,dtype=int)
零行列	numpy.zeros((m,n),dtype=D)	要素が D 型の $m \times n$ の単位行列 例：numpy.zeros((3,2),dtype=int)

関数の引数 D が float 型の場合には，dtype=float は省略可であり，たとえば，numpy.eye(3) とできる．

また，実際のプログラミングでは，numpy を利用する際，

```
import numpy as np
```

として，numpy の別名を np にしておき，np.xxx として関数を利用することが多い．以下のプログラムの実行例では別名 np を用いる[5]．

[5] np は例であり，他の名前でもよい．

【例 B.1】 行列の演算— 【例 A.2】

```
>>> import numpy as np # モジュール numpy を np の名で使用
>>> np.matrix([[3,2],[1,0]])+np.matrix([[0,-1],[3,-2]])
matrix([[ 3,  1],
        [ 4, -2]])
>>> np.matrix([[2,1],[1,2]])*np.matrix([[3,2],[4,1]])
matrix([[10,  5],
        [11,  4]])
>>> np.matrix([[1,2,3],[2,0,1],[3,1,0]])*\  #「\」で継続
... np.matrix([[1,0,0],[0,2,0],[0,0,3]]) #... に続けて入力
matrix([[1, 4, 9],
        [2, 0, 3],
        [3, 2, 0]])
```

B.4　0-1 行列の演算

0-1 行列に対する演算 $\oplus$ と $\otimes$ にあたる演算子は Python にもなく，`+` と `*` による計算結果は 0 と 1 とは限らない．そのため，各要素に対して「`>= 1`」かどうかの判定を `numpy.where(`$Cond$`,`T`,`F`)` を使って行うこととする．ここで，$Cond$ に条件式を，T と F には条件が真と偽のときの値をそれぞれ与える．具体的には，`numpy.where(`A`>=1,1,0)` とすれば，行列 A の要素を 0,1 にできる．

【例 B.2】 0-1 行列の演算— 【例 5.8】

```
>>> import numpy as np    # モジュール numpy を np の名で使用
>>> MR=np.matrix([[1,1],[0,0]]) # M_R
>>> MQ=np.matrix([[1,1],[0,1]]) # M_Q
>>> MR+MQ
matrix([[2, 2],
        [0, 1]])
>>> np.where(MR+MQ >= 1, 1, 0) # 0-1 行列としての表示
array([[1, 1],
       [0, 1]])
```

```
>>> np.where(MR*MQ >= 1, 1, 0) # 0-1 行列としての表示
array([[1, 1],
       [0, 0]])
```

numpy.where() を用いると計算結果は array 型になるが，配列としてみた場合の要素は正しい結果になる．

B.5 グラフの解析

次数 n のグラフの隣接行列 $\boldsymbol{A}$ に対する連結行列 $\boldsymbol{A}^{\langle * \rangle} = \boldsymbol{I}+\boldsymbol{A}+\boldsymbol{A}^{\langle 2 \rangle}+\boldsymbol{A}^{\langle 3 \rangle}+\cdots+\boldsymbol{A}^{\langle n-1 \rangle}$ は，次のようにして計算することができる．

【例 B.3】グラフの行列の演算— 【例 7.18】 隣接行列，連結行列

```
>>> import numpy as np # モジュール numpy を np の名で使用
>>> I4 = np.eye(4, dtype=int) % 4 × 4 の単位行列 (int 型)
>>> I4
array([[1, 0, 0, 0],
       [0, 1, 0, 0],
       [0, 0, 1, 0],
       [0, 0, 0, 1]])
>>> A = np.matrix([[0,1,1,0],[1,0,0,1],[1,0,0,1],[0,1,1,0]])
>>> np.where(I4+A+A**2+A**3 >= 1,1,0) # 0-1 行列としての表示
array([[1, 1, 1, 1],
       [1, 1, 1, 1],
       [1, 1, 1, 1],
       [1, 1, 1, 1]])
```

次数 n のグラフの隣接行列 $\boldsymbol{A}$ に対する到達可能行列 $\boldsymbol{L}^{\langle R \rangle} = (\boldsymbol{I}+\boldsymbol{A})^{\langle n-1 \rangle}$ は，次のようにして計算することができる．

【例 B.4】到達可能行列— 第 9 章「ネットワーク」【例 9.17】 到達可能行列

```
>>> import numpy as np # モジュール numpy を np の名で使用
>>> Ar = np.matrix([[0,1,0,0],[0,0,1,0],[0,1,0,1],[0,0,0,0]])
>>> I4 = np.eye(4, dtype=int) % 4 × 4 の単位行列 (int 型)
>>> Lr = (Ar+I4)**3
```

```
>>> np.where(Lr >=1, 1, 0) # 0-1 行列としての表示
array([[1, 1, 1, 1],
       [0, 1, 1, 1],
       [0, 1, 1, 1],
       [0, 0, 0, 1]])
```

問・章末問題の解答例

紙数の都合上，一部の解答は略す．詳しい解答例は，次の URL を参照のこと．

https://www.kyoritsu-pub.co.jp/bookdetail/9784320114364

第 1 章

問 1.1　「あの山は高い」など

問 1.2　真： b), c)　　偽： a), d)

問 1.3　「3 は 10 約数でない」，など

問 1.4　$(p \wedge (q \vee r))$,　$(p \wedge p)$　なお，$\neg(\neg p)$ は，略記法としては○.

問 1.5　a)　$((p \wedge q) \vee r)$,　b)　$((\neg r) \vee s)$,　c)　$((((p \wedge q) \vee r) \Rightarrow s) \Leftrightarrow (\neg v))$,
d)　$((p \wedge q) \Leftrightarrow (((\neg r) \vee s) \Rightarrow v))$　論理演算子の個数分の括弧の組が必要である.

問 1.6　p と q がともに真のとき，$\neg(p \vee q)$ は偽，$\neg p \vee q$ は真で，真理値が異なるため.

問 1.7　略

問 1.8　a) 偽 反例：4 は 12 の倍数ではない．b) 偽 反例：$a = 1, b = -1$．c) 偽 反例：$a = 2, b = -1$．d) 偽 反例：$a = 1, b = -2$.

問 1.9　a) 真，必要条件：p かつ q は真である，十分条件：p と q がともに真である，逆も真.
b) 真，必要条件：ある自然数は 10 以下である，十分条件：ある自然数が 10 の約数である，逆は偽.　c) 偽，必要条件と十分条件はなし．逆は偽.

問 1.10　真理値表は略，　a) 恒真，　b) 恒偽，　c) 恒真，恒偽のいずれでもない.

問 1.11　略

問 1.12　a) $a \leqq b$ または $b \leqq c$,　b) $a \neq 0$ かつ $b \neq 0$,　c) ($a=0$ かつ $b=0$) かつ $ab \neq 0$
（ヒント: $\neg(p \Rightarrow q) \Leftrightarrow \neg(\neg p \vee q) \Leftrightarrow p \wedge \neg q$ が成り立つ）

問 1.13　$p \wedge (p \Rightarrow q) \Leftrightarrow p \wedge (\neg p \vee q) \Leftrightarrow (p \wedge \neg p) \vee (p \wedge q) \Leftrightarrow \mathsf{F} \vee (p \wedge q) \Leftrightarrow p \wedge q$

問 1.14　$(p \Rightarrow \neg q) \Rightarrow (r \wedge s) \Leftrightarrow (\neg p \vee \neg q) \Rightarrow (r \wedge s) \Leftrightarrow \neg(\neg p \vee \neg q) \vee (r \wedge s) \Leftrightarrow (p \wedge q) \vee (r \wedge s)$
$\Leftrightarrow ((p \wedge q) \vee r) \wedge ((p \wedge q) \vee s) \Leftrightarrow (p \vee r) \wedge (q \vee r) \wedge (p \vee s) \wedge (q \vee s)$

問 1.15　解法の適用結果は，$p_1 = \mathsf{T}, p_2 = \mathsf{F}, p_3 = \mathsf{T}$ で充足可能である.

問 1.16　(a) $y = \neg(x_1 \wedge x_2)$,　(b) $y = (\neg(x_1 \wedge x_2)) \wedge (x_3 \vee x_4)$,
(c) $y_1 = x_1 \wedge x_2$, $y_2 = (\neg(x_1 \wedge x_2)) \wedge (x_1 \vee x_2)$

1.1　n 種類の命題 $p_1, p_2, \cdots, p_n$ の真理値の組合せを考えると，各 $p_i (i = 1, 2, \cdots, n)$ について真，偽の 2 通りであり，全部で 2^n 通りとなる．したがって，n 種類の命題が含まれていれば真理値表は 2^n 行になる．別解: n についての数学的帰納法による（☞3.1 節）.

1.2　$\neg(p \vee q) \vee (\neg p \wedge q) \Leftrightarrow (\neg p \wedge \neg q) \vee (\neg p \wedge q) \Leftrightarrow \neg p \wedge (\neg q \vee q) \Leftrightarrow \neg p \wedge \mathsf{T} \Leftrightarrow \neg p$

1.3　a) $p \vee (p \Rightarrow q) \Leftrightarrow p \vee (\neg p \vee q) \Leftrightarrow (p \vee \neg p) \vee q \Leftrightarrow \mathsf{T} \vee q \Leftrightarrow \mathsf{T}$
b) $p \wedge (p \vee q) \Leftrightarrow (p \vee \mathsf{F}) \wedge (p \vee q) \Leftrightarrow p \vee (\mathsf{F} \wedge q) \Leftrightarrow p \vee \mathsf{F} \Leftrightarrow p$
c) $(p \Rightarrow q) \wedge (p \Rightarrow \neg q) \Leftrightarrow \neg p \vee (q \wedge \neg q) \Leftrightarrow \neg p \vee \mathsf{F} \Leftrightarrow \neg p$

1.4　括弧の略記なし論理式： $(((p \wedge q) \Rightarrow r) \Leftrightarrow ((p \wedge (\neg r)) \Rightarrow (\neg q)))$

真理値表は恒真となる（省略）．

1.5 恒真：a と c，恒偽：b，充足可能：a と c（真理値表は略）

1.6 下図参照

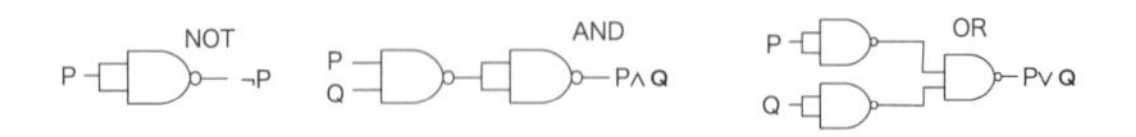

1.7 a) 2 つの AND ゲートで実現

b) $(\neg x_1 \wedge x_2 \wedge x_3) \vee (x_1 \wedge \neg x_2 \wedge x_3) \vee (x_1 \wedge x_2 \wedge \neg x_3) \vee (x_1 \wedge x_2 \wedge x_3)$ をもとに実現

第 2 章

問 2.1 たとえば，「大きい石の集まり」

問 2.2 a) (2) $\{0,1,2,3,4,5,6,7,8,9\}$，　(3) $\{s,c,i,e,n\}$

b) (2) $\{x|x$ は整数，かつ $0 \leqq x < 10\}$，　(5) $\{x|x$ は整数，かつ　$x^2 = 2\}$

問 2.3 b), d), e)

問 2.4 $A = \{s,c,i,e,n\}$，ベン図は右図の A.

問 2.5 $E = \{1,3,5,7,9\}$，ベン図は右図の U, E.

問 2.6 有限集合: (1),(2),(3),(5)　無限集合: (4)

A
i
s
e
c
n

U
E
1 3
5 7 9
0 2 4
6 8 10
11 12
...

問 2.7 (1) 4　(2) 10　(3) 5　(5) 0

問 2.8 a) 4　b) 1　c) 0　d) 2

問 2.9 「自然数の集合」には $\{2,4,6\}$ や $\{10,20\}$ などがあり，「自然数全体の集合」は $\mathbb{N}$ ただ一つだけ．

問 2.10 $\mathbb{N}\subset\mathbb{N}, \mathbb{N}\subset\mathbb{Z}, \mathbb{N}\subset\mathbb{Q}, \mathbb{N}\subset\mathbb{R}$,　$\mathbb{Z}\subset\mathbb{Z}, \mathbb{Z}\subset\mathbb{Q}, \mathbb{Z}\subset\mathbb{R}$,　$\mathbb{Q}\subset\mathbb{Q}, \mathbb{Q}\subset\mathbb{R}, \mathbb{R}\subset\mathbb{R}$

問 2.11 a) $\varnothing, \{1\}, \{2\}, \{3\}, \{1,2\}, \{1,3\}, \{2,3\}$，　b) $\{\varnothing, \{\varnothing\}, \{\{\varnothing\}\}, \{\varnothing, \{\varnothing\}\}\}$,

c) $|\{x,y,z,w\}|=4$ より $|\mathcal{P}(\{x,y,z,w\})|=2^4=16$

問 2.12 { そば, うどん, ラーメン }, { そば, うどん }, { そば, ラーメン }, { うどん, ラーメン }, { そば }, { うどん }, { ラーメン }, $\varnothing$

問 2.13 a) と b)

問 2.14 B と C，C と D

問 2.15 $A \cap (A \cup B) \subset A$ の証明：$x \in A \cap (A \cup B)$ であるとき，x は A かつ $A \cup B$ の要素であり，$x \in A$ が成り立ち，$A \cap (A \cup B) \subset A$．$A \cap (A \cup B) \supset A$ についても同様（証明は略）．

問 2.16 a) { ア }，　b) { イ, ウ, エ, オ }　c) { ア }

問 2.17 a) 略　b) 領域①は $(B - A) - C$，領域②は $C - (C - B)$

問 2.18 a) { 月, 火, 土, 日 }，　b) { 水, 木, 金, 土, 日 }，　c) $\varnothing$，　d) { 水, 木 }

問 2.19 下図参照

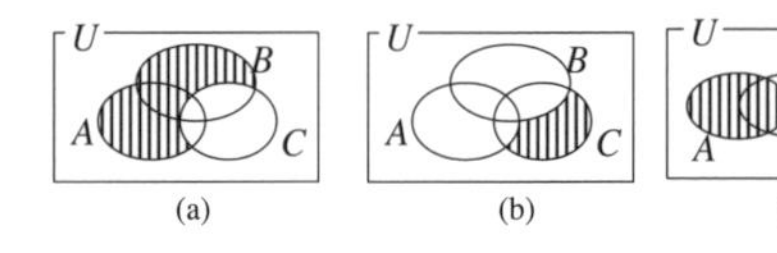

(a)　(b)　(c)

問 2.20 a) 6, b)$\{(0,0),(0,1),(0,2),(1,0),(1,1),(1,2),(2,0),(2,1)\}$,
c)$A^2 = \{(0,0),(0,1),(1,0),(1,1)\}$, $A^3 = \{(0,0,0),(0,0,1),(0,1,0),(0,1,1),(1,0,0),(1,0,1),(1,1,0),(1,1,1)\}$,　d) $C{=}A$ あるいは $C{=}\varnothing$

問 2.21 $i(x) \wedge d(x)$,　$I_T \cap D_T$

問 2.22 a) $\forall x{:}(h(x){\Rightarrow}d(x))$, $\exists x{:}(h(x){\wedge}d(x))$, b) $\forall x{:}r(x){\Rightarrow}(\exists y{:}(r(y){\wedge}less(x,y)))$

問 2.23 a) 偽（$x{=}0$ だけで成立）, b) 偽（任意の整数と等しい整数は存在しない）

問 2.24 $\forall x{:}(q(x) \Rightarrow d(x))$,　$Q_T \subset D_T$

問 2.25 $\exists x \forall y{:}\neg P(x,y)$

2.1 $x{\in}A$ のとき，$A{\subset}B \wedge B{\subset}C$ であれば，$x{\in}B \wedge x{\in}C$．よって，すべての $x{\in}A$ は $x{\in}C$．このことから，$A{\subset}B \wedge B{\subset}C \Rightarrow A{\subset}C$ が成り立つ．

2.2 $(A \cap B) \cup (D - C)$ または $((A \cap B) \cup D) - C$ または $(A \cup D) - C$

2.3 「$(P \cap Q)^c = P^c \cup Q^c$」の証明：$x \in (P \cap Q)^c$ であるとき，x は「P と Q には同時に含まれていない要素」であり，P^c または Q^c の要素である．すなわち，$x \in (P^c \cup Q^c)$ より，$(P \cap Q)^c \subset P^c \cup Q^c$．一方，$x \in (P^c \cup Q^c)$ であるとき，$x \in P^c$ または $x \in Q^c$ である．いずれの場合でも $x \in (P \cap Q)^c$ が成り立つため，$(P \cap Q)^c \supset P^c \cup Q^c$．以上より，$(P \cap Q)^c{=}P^c \cup Q^c$．「$(P \cup Q)^c = P^c \cap Q^c$」の証明は略

2.4 a) $X{-}Y = \{\mathrm{e,s,w}\}$,　b) $Y{\cap}Z = \{\mathrm{i,n}\}$,　c) $Z{-}(X{\cup}Y) = \{\mathrm{c}\}$,
d) $X{\cap}Y{\cap}Z = \varnothing$,　e) $X^c{\cap}Y{\cap}Z^c = \{\mathrm{m}\}$,　f) $X^c{\cap}(Y{\cup}Z) = \{\mathrm{c,i,m,n}\}$

2.5 a) $x{=}1$ のとき成立させる y が存在しないから, 偽　b) $x{=}2$ のとき（$x{=}3,4$ のときも）すべての y で成立するから, 真

第 3 章

問 3.1 初期段階 $n = 0$ のとき，左辺=右辺=0．帰納段階 $n{=}k$ のとき成り立つと仮定する．$n{=}k{+}1$ のとき，左辺は仮定より，左辺 $= \dfrac{1}{6}k(k+1)(2k+1) + (k+1)^2 = \dfrac{1}{6} \cdot (k+1)(k+2)(2k+3)$．一方，右辺 $= (k+1)(k+2)(2k+3) \cdot \dfrac{1}{6}$．よって，両辺は等しく，$n{=}k{+}1$ で成り立つ．

問 3.2 初期段階 $n{=}7$ のとき，$3^7{=}2187{<}5040{=}7!$．帰納段階 $n{=}k$ のとき，$3^k{=}k!$ であると仮定する．両辺に 3 を掛ければ，$3{\cdot}3^k{<}3{\cdot}k!$．右辺はさらに，$3{\cdot}k!{<}(k{+}1) \cdot k!{=}(k{+}1)!$ なので，$n{=}k{+}1$ のもとで，$3^n < n!$ が成り立つ．

問 3.3 初期段階 8 円は 1 枚の 3 円と 1 枚の 5 円で払える．帰納段階 $k{>}8$ 円を払えると仮定．k 円をすべて 3 円で払った場合，そのうちの 3 枚の 3 円を 2 枚の 5 円に代えれば $k+1$ 円が払える．一方，k 円を少なくとも 1 枚の 5 円を含めて払った場合には，1 枚の 5 円を 2 枚の 3 円に代えれば $k{+}1$ 円が払える．

問 3.4 初期段階 実数は，A_{exp} の要素．帰納段階 x と y が A_{exp} の要素と仮定したとき，$(x{+}y),(x{-}y),(x{*}y),(x/y)$ は A_{exp} の要素．

問 3.5 a) 初期段階 4 は集合の要素．帰納段階 x が集合の要素と仮定．$x+4$ は集合の要素．
b) 初期段階 1 と 2 は集合の要素．帰納段階 x が集合の要素と仮定．$x+3$ は集合の要素．

問 3.6 初期段階 実数の場合は左右の括弧が 0 で同数．帰納段階 x が算術式で左括弧の数 x_l と右括弧の数 x_r が $x_l{=}x_r$ であり，y が算術式で $y_l{=}y_r$ と仮定．$(x{+}y)$ の左右の括弧の数は $x_l{+}y_l{+}1{=}x_r{+}y_r{+}1$ で同じ．同様に，$(x{-}y)$，$(x{*}y)$，(x/y) もまた $x_l{+}y_l{+}1{=}x_r{+}y_r{+}1$ で同じ．

問 3.7 初期段階 空列 λ は，$\lambda^{-1}{=}\lambda$ で，反転した文字列．帰納段階 $u \in \Sigma^*, x \in \Sigma$ について，u^{-1} が u の反転と仮定する．このとき，$w{=}u \cdot x$ の反転は，$w^{-1}{=}(u \cdot x)^{-1}$ は，$x \cdot u^{-1}$ である．

問 3.8 $\langle$ 数字 $\rangle$ ::= 0 | 1 | ... | 9，　$\langle$ 正数 $\rangle$ ::= 1 | ... | 9,
$\langle$ 自然数 $\rangle$ ::= $\langle$ 数字 $\rangle$ | $\langle$ 正数 $\rangle\langle$ 自然数 $\rangle$（構文要素名は任意）

問 3.9 初期段階 v, w の一方が λ の場合, 左辺 $l(\lambda w) = l(w)$, 右辺 $l(\lambda) + l(w) = l(w)$ より，成り立つ．帰納段階 v, w について $l(vw) = l(v) + l(w)$ と仮定．$x \in \Sigma$ を用いて，vwx を作る．仮定より，$l(vwx) = l(vw) + 1 = l(v) + l(w) + 1$，$l(v) + l(wx) = l(v) + l(w) + 1$ より，$l(vwx) = l(v) + l(wx)$.

問 3.10 対偶「n が偶数ならば，$5n-7$ が奇数である」の証明は次のとおり，n が偶数のとき，$n{=}2m, m \in \mathbb{Z}$ より，$5(2m){-}7{=}10m{-}7{=}2(5m{-}4){+}1$．$5m{-}4$ は整数であり，$5n{-}7$ は奇数.

問 3.11 ○月×日△時に犯行現場にいないのならば，犯人 (容疑者) でない.

問 3.12 「$\sqrt{2}$ が有理数である」と仮定し，互いに素な正整数 m, n を用いて，$\sqrt{2}{=}\dfrac{m}{n}$ と表されることを利用して矛盾（m と n がともに 2 で割り切れる）を導く.

3.1 初期段階 A の濃度が 1 のとき，$\mathcal{P}(A)$ の濃度は 2^1．帰納段階 A の濃度が k のとき，$\mathcal{P}(A)$ の濃度は 2^k と仮定．$A \cup \{x\}$ の濃度は, $k + 1$．$\mathcal{P}(A \cup \{x\})$ は，$\mathcal{P}(A)$ の各要素に x を含めてできる集合と，$\mathcal{P}(A)$ の和集合である．仮定より，この和集合の濃度は $2^k{+}2^k = 2^{k+1}$.

3.2 初期段階: $n{=}1$ のとき，3 で割り切れる．帰納段階 $n{=}k$ のとき，$k^3{+}2k$ が 3 で割り切れると仮定．$n{=}k{+}1$ のとき，$(k{+}1)^3{+}2(k{+}1){=}(k^3{+}2k){+}3(k^2{+}k{+}1)$ の．第 1 項 $(k^3{+}2k)$ は仮定より 3 で割りきれる．第 2 項 $3(k^2{+}k+1)$ もまた 3 で割りきれる．よって，$n{=}k{+}1$ でも成り立つ.

3.3 「n が偶数ならば, n^2 が偶数」は, n が偶数ならば, $n{=}2m$ に対して,$n^2{=}4m^2{=}2{\times}2m^2$ より成り立つ．さらに,「n^2 が偶数ならば, n が偶数」は，対偶「n が奇数ならば，n^2 が奇数」より，n が奇数のとき，$n{=}2m{+}1$ に対して，$n^2{=}(2m{+}1)^2{=}2{\times}(2m^2{+}2m){+}1$ より成り立つ.

3.4 背理法による．奇数 n が，3 つの偶数 x, y, z の和によって表されると仮定．3 つの偶数を $x{=}2a, y{=}2b, z{=}2c$ $(a, b, c \in \mathbb{Z})$ とすると, $n{=}x{+}y{+}z{=}2(a{+}b{+}c)$．$a{+}b{+}c$ は整数であり, n は偶数になるので矛盾が生じる.

3.5 初期段階 $n{=}2$ のとき，2 は素数．帰納段階 $2{\leqq}k{\leqq}n$ で k は素数あるいは合成数 (素数の積) と仮定．$n{+}1$ が素数でなければ，ある数 q $(1{<}q{<}n{+}1)$ で割り切れる．$(n{+}1)/q \leqq n$ かつ，$q{\leqq}n$ であるから，仮定より，$(n+1)/q$ および q はともに素数または合成数．よって，$n{+}1{=}q{\times}(n+1)/q$ も素数または合成数.

3.6 初期段階 $n = 5$ のとき，$2^5{=}32{>}5^2{=}25$．帰納段階 $n{=}k{>}5$ のとき，$2^k{>}k^2$ と仮定．両辺に 2 を掛け，$2 \cdot 2^k{>}2 \cdot k^2$．右辺が $k{>}5$ の場合を考えればよく，$2 \cdot k^2{=}k^2{+}k^2{>}k^2{+}4k{\geqq}k^2{+}2k{+}1{=}(k{+}1)^2$ より，$2 \cdot 2^k{=}2^{(k+1)}{>}(k{+}1)^2$．よって，$n{=}k{+}1$ のもとで $2^n{>}n^2$ が成り立つ．

3.7 初期段階 空列 $\lambda \in D$．帰納段階 $w \in D$, かつ $x \in \Sigma$ であるとき， $xwx \in D$.

3.8 初期段階 命題を表す文字は自明．帰納段階 論理式 p の括弧の組の数 p_p と論理結合子の数 p_o は等しい, かつ, 論理式 q の括弧の組の数 q_p と論理結合子の数 q_o は等しいと仮定．$(\neg p)$ の場合，$p_p{+}1{=}p_o{+}1$．$(p \wedge q)$, $(p \vee q)$, $(p \Rightarrow q)$, $(p \Leftrightarrow q)$ は $p_p{+}q_p{+}1{=}p_o{+}q_o{+}1$.

第 4 章

問 4.1 5 通り $(= 2{\times}2{+}1)$

問 4.2 ${}_{26}\mathrm{P}_4 = \dfrac{26!}{(26-4)!} = 26{\times}25{\times}24{\times}23 = 358800$

問 4.3 $5^3 + 5^4 + 5^5 = 125 + 625 + 3125 = 3875$

問 4.4 $\sigma_1{\cdot}\sigma_2{=}\begin{pmatrix}1 & 2 & 3\\ 2 & 3 & 1\end{pmatrix}\begin{pmatrix}1 & 2 & 3\\ 3 & 2 & 1\end{pmatrix}{=}\begin{pmatrix}1 & 2 & 3\\ 1 & 3 & 2\end{pmatrix}$ $\quad \sigma_1{\cdot}\sigma_2{=}\begin{pmatrix}2 & 3\\ 3 & 2\end{pmatrix}$

問 4.5 左辺 $= \dfrac{n!}{r!(n-r)!}$，右辺 $= \dfrac{n!}{(n-r)!(n-(n-r))!} = \dfrac{n!}{(n-r)!r!}$ より，成り立つ．

問 4.6 ${}_8\mathrm{C}_3 = \dfrac{8!}{3! \cdot 5!} = 56$

問 4.7 ${}_{n+1}\mathrm{C}_r = {}_n\mathrm{C}_{r-1} {+} {}_n\mathrm{C}_r$ の証明：

左辺 $= \dfrac{(n{+}1)!}{r!(n{+}1{-}r)!}$．右辺 $= \dfrac{n!}{(r{-}1)!(n{-}r{+}1)!} + \dfrac{n!}{r!(n{-}r)!} = \dfrac{(n{+}1)!}{r!(n{+}1{-}r)!}$

${}_n\mathrm{C}_r = {}_{n-1}\mathrm{C}_{r-1} {+} {}_{n-1}\mathrm{C}_r$ の証明：略

問 4.8 複数個の荷物が入れられるバッグは少なくとも 1 個ある．
交差点では，少なくとも 1 つの方向に 4 台以上の車が進んでいる．

問 4.9 1 つ以上の装備を含んでいる車はたかだか 30 台であり，どの装備も含んでいない車は少なくとも $33{-}30 = 3$ 台である．

問 4.10 10 円玉 3 枚，50 円玉 2 枚，100 円玉 1 枚は，$(1{+}x{+}x^2{+}x^3)$， $(1{+}x{+}x^2)$， $(1{+}x)$．これらの積 $1{+}3x{+}5x^2{+}6x^3{+}5x^4{+}3x^5{+}x^6$ より，2 枚, 3 枚, 4 枚, 5 枚の組合せ方の総数は，5, 6, 5, 3.

問 4.11 50 円玉 3 枚，100 円玉 2 枚は，$(1{+}ax^{50}{+}a^2x^{100}{+}a^3x^{150})$，$(1{+}bx^{100}{+}b^2x^{200})$．これらの積 $1{+}ax^{50}{+}(a^2 + b)x^{100}{+}(a^3 + ab)x^{150}{+}(a^2b{+}b^2)x^{200}$ ${+}(a^3b{+}ab^2)x^{250}{+}a^2b^2x^{300}{+}a^3b^2x^{350}$．これより，内訳は，100 円 (50 円 2 枚,100 円 1 枚)，150 円 (50 円 3 枚,50 円 1 枚と 100 円 1 枚) など．

4.1 64 $({}_4\mathrm{P}_1 + {}_4\mathrm{P}_2 + {}_4\mathrm{P}_3 + {}_4\mathrm{P}_1 = 4 + 12 + 24 + 24 = 64)$

4.2 2 項定理 $(a{+}b)^n = \displaystyle\sum_{r=0}^{n} {}_n\mathrm{C}_r a^{n-r} b^r$ において，$a{=}b{=}1$ とすればよい．

4.3 8 桁の中に 1 が r=0,2,4,6,8 個の場合の数 ${}_8\mathrm{C}_r$ の総和を求めればよく，${}_8\mathrm{C}_0{+}{}_8\mathrm{C}_2{+}{}_8\mathrm{C}_4{+}{}_8\mathrm{C}_6{+}{}_8\mathrm{C}_8{=}1{+}28{+}70{+}28{+}1{=}128$ 通りある．

4.4 1) ${}_{12}C_4 \times {}_8C_4 \times {}_4C_4 = \dfrac{12!}{4!8!} \times \dfrac{8!}{4!4!} \times \dfrac{4!}{4!} = \dfrac{12!}{4!4!4!} = 34650.$

2) ${}_{11}C_3 \times {}_7C_3 = 165 \times 35 = 5775.$

4.5 $\left\lfloor \dfrac{m-1}{n} \right\rfloor + 1$ または，$\left\lceil \dfrac{m}{n} \right\rceil$

4.6 床のスペースの 1 段目に最大 100 個の商品を並べることができる．その上に，少なくとも $\left\lceil \dfrac{1111}{100} \right\rceil = 12$ 個を積み上げられるため 120cm.

4.7 $|A \cup B \cup C| = |A| + |B| + |C| - |A \cap B| - |A \cap C| - |B \cap C| + |A \cap B \cap C|$

第 5 章

問 5.1 一握の砂 ◎ 石川啄木，銀河鉄道の夜 ◎ 宮沢賢治，坊っちゃん ◎ 夏目漱石，注文の多い料理店 ◎ 宮沢賢治

問 5.2 $1\Diamond 1,\ 2\Diamond 1,\ 3\Diamond 1,\ 4\Diamond 1,\ 2\Diamond 2,\ 4\Diamond 2,\ 3\Diamond 3,\ 4\Diamond 4$

問 5.3 $G(\Diamond)=\{(1,1),(2,1),(3,1),(4,1),(2,2),(4,2),(3,3),(4,4)\}$,
$G(\Diamond^{-1})=\{(1,1),(1,2),(1,3),(1,4),(2,2),(2,4),(3,3),(4,4)\}$

問 5.4 x, y, z の組が $(1,3,2), (2,1,3), (3,2,1)$ のとき

問 5.5 $\bowtie = \{(1,2),(1,3),(1,4),(2,3),(2,4),(3,4)\}$, 図表現は右図.

問 5.6 略

問 5.7 $P^{-1}=\{(2,1),(2,2),(2,3)\}$ より，$P \cup P^{-1}=\{(1,2),(2,1),(2,2),(2,3),(3,2)\}$

問 5.8 $\geqq = \{(2,2),(3,2),(3,3),(4,2),(4,3),(4,4)\}$,
$\geqq \circ \geqq = \{(2,2),(3,2),(3,3),(4,2),(4,3),(4,4)\}$

問 5.9 $R \circ I_A = R$ の証明：$(x,y) \in R \circ I_A$ であるとき，xI_Ax かつ xRy が成立するから，$(x,y) \in R$. 一方，$(x,y) \in R$ であるとき，xI_Ax が成立するから，xI_Ax かつ xRy であり，$(x,y) \in R \circ I_A$. よって，$R \circ I_A = R$. $I_A \circ R = R$ の証明は略.

問 5.10 反射的かつ推移的である．対称的ではない（$2\Diamond 1$ だが $1\Diamond 2$ ではない）

問 5.11 推移的である．反射的ではない（$(1,1) \notin \bowtie$ だから）．対称的ではない（$(1,2) \in \bowtie$ であるが，$(2,1) \notin \bowtie$ であるため）．

問 5.12 C_1 は分割でない（3 が属さない）．C_2 は分割でない（1 が重複）．C_3 は分割.

問 5.13 反射的である．推移的でない．対称的でない．同値関係でない．

問 5.14 $x \boxminus y$ を「x，と y が等しい」と定めれば，関係 $\boxminus$ は同値関係．商集合は，
$F/\boxminus = \{[1],[2],[3]\} = \left\{\left\{1, \dfrac{4}{4}\right\}, \left\{2, \dfrac{4}{2}, \dfrac{6}{3}\right\}, \left\{3, \dfrac{9}{3}\right\}\right\}.$

5.1 「$S\circ(Q\circ R) \subset (S\circ Q)\circ R$」かつ「$S\circ(Q\circ R) \supset (S\circ Q)\circ R$」によって証明する．$(a,d) \in S\circ(Q\circ R)$ のとき，$(a,c) \in Q\circ R$ かつ $(c,d) \in S$ を満す $c \in C$ が存在し，$(a,b) \in R$ かつ $(b,c) \in Q$ を満す $b \in B$ が存在する．$(b,d) \in S \circ Q$ であることと，$(a,b) \in R$ より，$(a,d) \in (S\circ Q)\circ R$. よって，$S\circ(Q\circ R) \subset (S\circ Q)\circ R$. 一方，$S\circ(Q\circ R) \supset (S\circ Q)\circ R$ についても同様.

5.2 $G(R) = \{(1,2),(1,3),(1,4),(3,2),(4,3)\}$

5.3 反射律：$I_A \subset R$ ならば，R の対角成分はすべて 1 であり，$R = R \cup I_A$．逆も成り立つ．推移律：$R^2 \subset R$ ならば，$R^1 \subset R$，$R^2 \subset R$ が成り立ち，$n \geqq 1$ に対して，$R^n \subset R$ で

あると仮定する．$(a,b) \in R^{n+1}$ であるとき，$(a,x) \in R$ かつ $(x,b) \in R^n$ を満たす $x \in A$ が存在する．R が推移的であり，$R^{n+1}{=}R^n{\circ}R$，$R^n{\subset}R$（仮定）であることから，$R^{n+1}{\subset}R$ が成り立つ．さらに，$R^+{=}R^1{\cup}R^2{\cup}\cdots{\subset}R$ より，$R{=}R^+$．逆も成り立つ．対称律：$R^{-1}{\subset}R$ ならば，R の逆関係の要素がすでに R に含まれている．そのため，$R = R{\cup}R^{-1}$．逆も成り立つ．

5.4 反射律:明らか．対称律: $n{-}n'$ と $n'{-}n$ の絶対値は等しいため．推移律： $n{\simeq_m}n'$ かつ $n'{\simeq_m}n''$ の場合，$n{=}n'{+}km$ および $n'{=}n''{+}k'm$ を満たす整数 k, k' が存在する．よって，$n{=}n'{+}km{=}n''{+}(k'{+}k)m$ であり，$n{\simeq_m}n''$．

5.5 分割されたグラフが反射的かつ対称的かつ推移的であるため同値関係である．
商集合: $X/R = \{[v],[w],[x]\} = \{\{v,y\},\{w,z\},\{x\}\}$

第 6 章

問 6.1 略

問 6.2 $neg(3){=}-3, neg(1){=}-1, neg(0){=}0, neg(-1){=}1, neg(-3){=}3$

問 6.3 a) $\lceil 2.73 \rceil = 3$　　b) $\lfloor 2.73 \rfloor = 2$　　c) $100 \mod 3 = 1$

問 6.4 $h(A) = \{h(1),\ h(2),\ h(3)\} = \{4,\ 5,\ 6\}$

問 6.5 $x{\in}(X_1{\cap}X_2)$，$y{=}f(x)$ のとき，$x{\in}X_1$ より，$y{\in}f(X_1)$ かつ $x{\in}X_2$ より，$y{\in}f(X_2)$ である．よって，$y{\in}f(X_1){\cap}f(X_2)$ であり，成り立つ．

問 6.6 天井関数（定義域 $\{x \mid 0 \leqq x \leqq 5\}$）は図のとおり．

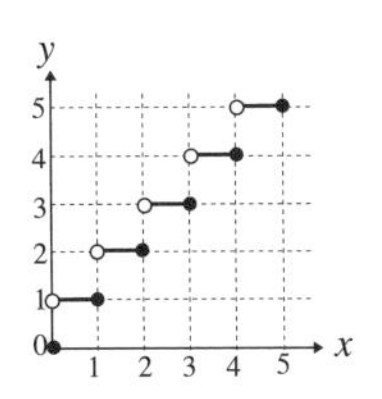

問 6.7 a) $f(A){=}\{1,2,3\}, g(B){=}\{1,2,3\}, h(B){=}\{1,2,3\}$
b) 全射：f, h，単射：g, h，全単射：h

問 6.8 a) $id_{\mathbb{N}} \circ sqr(x){=}x^2$　b) $id_{\mathbb{N}}$ の終域と sqr の定義域が一致しない．ただし，$id_{\mathbb{N}}$ の値域 $id_{\mathbb{N}}(\mathbb{N}) = \mathbb{N}$ が sqr の定義域 $\mathbb{Z}$ の部分集合 $(\mathbb{N}{\subset}\mathbb{Z})$ であるため，$(sqr{\circ}id_{\mathbb{N}})(x)$ $= sqr(id_{\mathbb{N}}(x)) = sqr(x) = x^2$ が定義できるとする場合もある．
c) $(sqr{\circ}plus)(x,y){=}(x{+}y)^2$．d) sqr の終域と $plus$ の定義域が一致しない．

問 6.9 $x, x' \in X$ に対し，$(g{\circ}f)(x){=}(g{\circ}f)(x')$ のとき，$g(f(x)){=}g(f(x'))$．g は単射なので $f(x){=}f(x')$．さらに，f も単射であり，$x{=}x'$．よって，$(g{\circ}f)(x){=}(g{\circ}f)(x')$ となるのは，$x{=}x'$ のときだけであり，$g{\circ}f$ は単射．

問 6.10 $n = 0$ のとき $sum(n) = 0$，$n > 0$ のとき $sum(n) = n + sum(n-1)$，
$sum(3){=}3{+}sum(2){=}\cdots{=}3{+}2{+}1{+}0{=}6$，
$sum(4){=}10$，$sum(6){=}21$

問 6.11 $A(0,0){=}1, A(0,1){=}2, A(1,0){=}2$，$A(1,1){=}3$，$A(1,2){=}4$

6.1 $g \circ f$ が単射であれば，$x_1 \neq x_2$ のときに $g(f(x_1)) \neq g(f(x_2))$ であるため，$f(x_1) \neq f(x_2)$．したがって，$x_1 \neq x_2$ ならば，$f(x_1) \neq f(x_2)$ より，f は単射．

6.2 A 上の 2 項関係 R が，$\forall x, y, z \in A$：xRy かつ xRz であるとき，$y=z$ であれば関数を定められる．$y \neq z$ であれば「1 対多」の関係になり，定義されない．

6.3 $y \in f(X_1) \cap f(X_2)$ のとき，$y=f(x_1)$ を満たす $x_1 \in X_1$ と，$y=f(x_2)$ を満たす $x_2 \in X_2$ が存在する．f は単射なので，$y=f(x_1)=f(x_2)$ のときには，$x_1=x_2$ であり，$x_1, x_2 \in X_1 \cap X_2$ より，$y \in f(X_1 \cap X_2)$．

6.4 $6(=3!)$ 通り．

6.5 a) 4, b) $x+2$, c) $S(U_1^2(2,3))=S(2)=3$, d) $S(U_2^3(x,y,z))=S(y)=y+1$

6.6 $f(x)=y$ が全単射であれば，すべての $y \in Y$ について X のただ 1 つの要素 x を対応づける逆関数 $f^{-1}(y)=x$ を構成できる．逆に，$f : X \to Y$ の逆関数 $f^{-1} : Y \to X$ が存在するとき，すべての $y \in Y$ について X のただ 1 つの要素 x を対応づけることができ，f は全射かつ単射である．

6.7 関数 g は全単射なので，任意の $z \in Z$ に対し，$z=g(y)$ となる $y \in Y$ がただ 1 つ存在する．さらに，関数 f についても，任意の y に対し，$y=f(x)$ となる $x \in X$ がただ 1 つ存在する．したがって，任意の z に対し，$z=g(y)=g(f(x))=(g \circ f)(x)$ となる x がただ 1 つ存在する．よって，$g \circ f$ は全単射．

第 7 章

問 7.1 $V_2 = \{$ 東京, 大宮, 高崎, 新潟, 長野, 金沢 $\}$,
$E_2 = \{\{$ 東京, 大宮 $\}, \{$ 大宮, 高崎 $\}, \{$ 高崎, 新潟 $\}, \{$ 高崎, 長野 $\}, \{$ 長野, 金沢 $\}\}$

問 7.2 (a) 高崎，次数: 3　(b) 高崎と金沢　(c) $\{$ 東京, 大宮 $\}, \{$ 大宮, 高崎 $\}$

問 7.3 $V_3=\{a,b,c,d,e,f\}$, $E_3=\{\{a,b\},\{a,c\},\{b,c\},\{b,d\},\{b,e\},\{c,e\},\{c,f\},\{d,e\},\{e,f\}\}$,
頂点 $a \sim f$ の次数は順に，2,4,4,2,4,2.

問 7.4 $\sum_{v \in V_3} \deg_{G_3}(v) = 2+4+4+2+4+2 = 18$　$2 \cdot |E_3| = 2 \times 9 = 18$

問 7.5 P_1 は小道かつ道．P_2 は小道．P_3 はいずれでもない．長さ 4 の閉路 c, b, a, e, c

問 7.6 (a) 3　(b) 2　(c) 3　(d) $v_2, v_1, v_3, v_4, v_7, v_6, v_5(v_9), v_8$

問 7.7 部分グラフ: $V = \{d,e,g\}, E = \{\{d,e\},\{e,g\}\}$,
誘導部分グラフ: $V = \{d,e,g\}, E = \{\{d,e\},\{d,g\},\{e,g\}\}$

問 7.8 反射律：長さ 0 の道として成り立つ．対称律：無向グラフであるため成り立つ．推移律：$u \twoheadrightarrow v$ かつ $v \twoheadrightarrow w$ であれば，v に接続している辺を通じて成り立つ．

問 7.9 切断点 d，　橋はなし

問 7.10 交差点を頂点とするグラフに，オイラー小道が存在せず除雪できない．

問 7.11 (a) c,b,a,d,e,c,f,b,e,f (b) なし (c) a,d,e,b,c,f (d) b,a,d,e,f,c,b

問 7.12 略

問 7.13 $\phi'(a)=x$, $\phi'(b)=w$, $\phi'(c)=y$, $\phi'(d)=z$ など

問 7.14 「ス, イ, ム」と「コ, フ」

問 7.15 $G_{10} = (V_{10}, E_{10})$　$V_{10} = \{a,b,c,d,e\}$
$E_{10} = \{(a,b), (b,a), (b,c), (c,d), (d,e), (e,b), (e,c)\}$

頂点 $a \sim e$ の入次数は順に，1,2,2,1,1．頂点 $a \sim e$ の出次数は順に，1,2,1,1,2.

問 7.16 (a) a, b, c, d, e (b) b, c, d, e, b (c) a, b, c, d, e, b, a

問 7.17 どの頂点においても他の 3 つの頂点への道があり, 強連結である.

問 7.18 略

問 7.19 $(A_{K_4})^{\langle m \rangle}$ の要素が $(m \geqq 2)$ ですべて 1 となるから, 任意の 2 頂点（自身も含む）において, 長さ 2 の歩道が存在する.

問 7.20 $\boldsymbol{I} + \boldsymbol{A_1} + (\boldsymbol{A_1})^{\langle 2 \rangle} + (\boldsymbol{A_1})^{\langle 3 \rangle}$ までですべての成分が 1 となることから，任意の 2 つの駅は, たかだか 3 つの路線を利用することで移動できる.

問 7.21 G_1 は, 頂点集合 $\{a, b, c, d, e\}$ と $\{f, g\}$ の 2 つの連結成分からなる.

7.1 辺の本数の数学的帰納法による．$n = 1$ の場合，$2 \cdot |E| = 2$ より, 成り立つ．$n = k$ のとき成り立つと仮定する．辺が 1 本増えると，その辺の端点の次数がそれぞれ 1 増える．すなわち, すべて頂点の次数の和は 2 増加し, $2 \cdot (n = k$ のときの辺の数 $+ 1)$ となる．よって，$n = k + 1$ でも成り立つ.

7.2 (a) オイラー小道なし, オイラー回路なし (b) オイラー小道は b, a, e, c, a, d, b, c, d など，オイラー回路なし．(c) オイラー小道なし, オイラー回路なし.

7.3 $\dfrac{n(n-1)}{2}$

7.4 $n \bmod 2 = 1$

7.5 隣接行列 A から $A^{\langle n \rangle}$ を生成することで，　たとえば,「バスセンター」から n 番目のバス停をみつけることができる．また，バス停 i からバス停 j へ移動できるかどうかは，連結行列 $A^{\langle * \rangle}$ の要素 a_{ij} からわかる.

7.6 (1,2) 成分：頂点 a から b への長さ 3 の歩道が,「a, b, a, b」,「a, b, d, b」,「a, c, a, b」,「a, c, d, b」の 4 通りあることから成分 $(1, 2)$ は 4 である．同様に (2,4) 成分が 4 より，頂点 b から d への長さ 3 の歩道が 4 通りある.

第 8 章

問 8.1 C, E, F (閉路のないグラフ)

問 8.2 右図参照

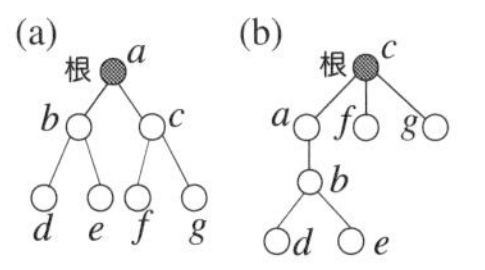

問 8.3 (a) a, c, d, e, g (b) f, h, i (c) 頂点 f を根とし，h, i を葉とする部分木

問 8.4 全部で 3 種類（図は略）.

問 8.5 隣接しない任意の頂点 u, v を端点とする辺 u, v を加えると閉路ができるなら，u から v への道が既にあり，G は連結している．したがって，G は木である.

問 8.6 $1+2+2^2+\cdots+2^{k-1}+2^k=2^{k+1}-1$ （初項 1, 公比 2 の等比数列の和）

問 8.7 1),2-1),2-2) の計 5 種類の木を，T_l, T_r とする 2 分木は計 5×5=25 種類ある．高さ 1 以下の木（4 種類）と本文中の 11 種類を除くと，残りは 10 種類である.

問 8.8 $pre(T_{15})=1, 2, 3, 4, 5, 6, 7$ $in(T_{15})=3, 2, 4, 1, 6, 5, 7$ $post(T_{15})=3, 4, 2, 6, 7, 5, 1$

問 8.9 $in(T_{16})=b, c, a$ $post(T_{16})=c, b, a$ $in(T_{17})=a, c, b$ $post(T_{17})=c, b, a$

問 8.10 略

問 8.11 略

問 8.12 辺の集合 $\{\{a,c\},\{c,b\},\{b,d\},\{d,f\},\{f,e\},\{e,g\}\}$. 最小コスト 14.

問 8.13 辺の集合 $\{\{a,b\},\{a,h\},\{b,c\},\{c,d\},\{c,f\},\{d,e\},\{h,g\}\}$. 最小コスト 17.

問 8.14 $T_9 : 1.1, 1, 0, 2$　$T_{10} : 1, 0, 2, 2.1$

8.1 G が辺 e を含む閉路 C をもつと仮定する．e を除いたとき得られるグラフ $G'=(V,E')$ もまた連結である．G が$|V|=|E|+1$ であるとき，G' では $|V|=|E'|$ となる．このことは，G' が連結であることと矛盾するため，G には閉路がない．次に，隣接しない 2 頂点 u,v を端点とする辺 $\{u,v\}$ を追加した場合，G は連結であるからすでに u から v への道が存在しており，閉路 C が構成される．

8.2 2 分木の頂点の総数は，根，深さ 1 の頂点，深さ 2 の頂点，$\cdots$ の和より，$1+2^1+2^2+2^3+\cdots$ であることから，木の高さ $k-1$ の頂点の総数は，$1+2^1+2^2+\cdots+2^{k-1}=2^k-1$．高さ k のときの頂点の総数 n は $2^k-1+1 \leqq n \leqq 2^{k+1}-1$．したがって，$2^k \leqq n \leqq 2^{k+1}-1 < 2^{k+1}$ より，$2^k \leqq n < 2^{k+1}$．各辺の対数をとった $k \leqq \log_2 n < k+1$ において，$\log_2 n$ の小数点以下を切り捨てた整数 $\lfloor \log_2 n \rfloor$ は，高さ k に等しい．

8.3 T は右図．前順の走査では，$pre(T) = + \ * \ 2 \ x \ - \ y \ 1$.

T
+
*
-
2
x
y
1

8.4 G が連結グラフであれば，G に閉路がなければ G が全域木である．閉路があれば，その閉路を構成する辺を 1 つ取り除く操作を，閉路がなくなるまで繰り返すことで G の全域木が得られる．一方，G に全域木が含まれていれば，全域木にすべての頂点が含まれており，G は連結である（任意の 2 つの頂点間に道が存在する）．

8.5 G に含まれる最長の道を P とし，その始点，終点をそれぞれ x,y とする．x の次数が 2 以上であれば，x から新たに別の頂点 p に接続する辺が存在する．P は最長の道であるから，この p は P に含まれ閉路があることになり，G には閉路がないことと矛盾する．そのため，x の次数は 1 である．同様に，y の次数も 1 である．

第 9 章

問 9.1 $a,b,c,d : 540$　$a,b,e,d : 700$　$a,f,e,d : 630$　$a,f,e,b,c,d : 870$

問 9.2 札幌，仙台，伊丹，沖縄　　コスト: 1470

問 9.3 制約条件:「グラフ中の路のうち，始点を s，終点を $g \in V$ とする路」, 目的関数:「路のコスト」

問 9.4 最終的には，$T = \{(s,b),(b,a),(b,d),(a,c),(d,e)\}$

問 9.5 G_7 と G_8

問 9.6 略

問 9.7 マッチングの例 $\{\{C_1,s_3\},\{C_2,s_1\},\{C_3,s_2\}\}$

問 9.8 グラフ G のすべての頂点が M 飽和な M を完全マッチングという．

問 9.9 $K_{3,3}$ と $K_{4,3}$ は平面描画できない．

問 9.10 G_5 の領域は 5.

問 9.11 略

問 9.12 $|E|=10, |V|=5$ であり，$10 \leqq 3\times 5-6=9$ は成り立たない．

問 9.13 略

問 9.14 $K_{3,3}$ では，$|E|=3^2=9, |V|=6$ より，$9 \leqq 2\times 6-4=8$ が成り立たない．

問 9.15 G_{13} と G_{14} は，K_5 あるいは $K_{3,3}$ と同相な部分グラフを含まず，平面描画可能

問 9.16 4 色で彩色可能であり，最短で 120 分．

問 9.17 略

問 9.18 先行グラフは右図．最初に実行される 1 行目と 2 行目の順序は問わない．その後の 3 行目と 4 行目（あるいは 5 行目も）の実行順序も問わない．順序をとわない実行文は並列的に実行できる．

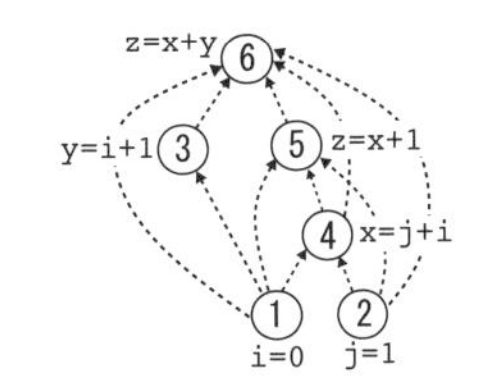

9.1 ダイクストラ法による最短路木は右図．

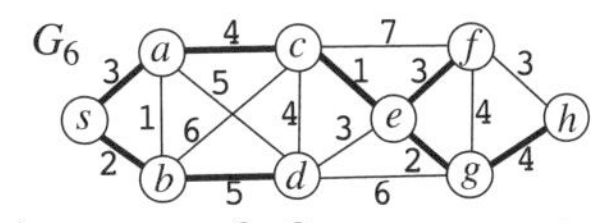

9.2 2 項定理より，$(I+A)^n = {}_n\mathrm{C}_0 I^n + {}_n\mathrm{C}_1 I^{n-1}A^1 + {}_n\mathrm{C}_2 I^{n-2}A^2 + \cdots + {}_n\mathrm{C}_n A^n$ が成り立つ．0-1 行列においては，係数 ${}_n\mathrm{C}_k$ $(k=0,\cdots,n)$ は 1 であり，$(\boldsymbol{I}+\boldsymbol{A})^{\langle n\rangle} = \boldsymbol{I}\oplus\boldsymbol{A}\oplus\boldsymbol{A}^{\langle 2\rangle}\oplus\cdots\oplus\boldsymbol{A}^{\langle n\rangle}$ が得られ，$\boldsymbol{L}^{\langle n\rangle} = \boldsymbol{I}\oplus\boldsymbol{A}\oplus\boldsymbol{A}^{\langle 2\rangle}\oplus\cdots\oplus\boldsymbol{A}^{\langle n\rangle}$．また，到達可能行列 $\boldsymbol{L}^{\langle n\rangle}$ の要素は，頂点 $v_i \in V$ から頂点 $v_j \in V$ へちょうど長さ n の歩道の存在を表す．位数 n の連結グラフでは，2 頂点間の距離の最大値は $n-1$ であるから，$n-1$ 以上では，到達可能行列に変化はない．したがって，$\boldsymbol{L}^{\langle n-1\rangle}=\boldsymbol{L}^{\langle n\rangle}=\boldsymbol{L}^{\langle n+1\rangle}$

9.3 グラフの内側の領域が 3 本の辺で囲まれていれば，どの領域も 3 角形となる．3 角形の領域の内部には，新たな辺を加えることができないため，そのグラフは極大平面グラフとなる．

参考文献

[離散数学]

[1] Lipschutz,S., and Lipson,M.L. : *"Discrete Mathematics"* (Schaum's Outlines), MacGrow-Hill (1997).
成嶋 弘 監訳：『離散数学 —コンピュータサイエンスの基礎数学』オーム社 (1995).
例題や演習問題（解答例付）が豊富で，情報系の離散数学を学ぶために適している．

[2] Rosen,K.H. : *"Discrete Mathematics and Its Applications"* (Eighth Edition), McGraw-Hill (2019).
離散数学について全般的に詳しく書かれた専門書．数学的帰納法の例題や問題が多く，参考になる．この他，形式言語，有限状態機械（オートマトン），チューリング機械，ブール代数など，情報系に必要な数学全般について述べられている．

[3] Grimaldi, R.P. : *"Discrete and Combinatorial Mathematics"* (Third Edition), Addison-Wesley (1994).
本書の内容を全般的に含んでおり，例題や演習問題（解答例付）が豊富．関係やグラフの行列表現が詳しい．

[4] 茨木俊秀：『情報学のための離散数学』，昭晃堂 (2004).
グラフの記述にあたり参考にした書．論理関数，ネットワーク最適化問題が詳しい．同じ著者による関連書として『C によるアルゴリズムとデータ構造』，共立出版 (2019) があり，離散数学で学んだ内容をプログラミングする際の参考になる．

[5] 守屋悦朗：『離散数学入門』，サイエンス社 (2006).
離散数学の全般にわたって，定理の証明も含め，詳しく説明されている．

[6] 徳山豪：『工学基礎 離散数学とその応用』，サイエンス社 (2003).
　グラフ理論の記述にあたり参考にした書．その他，集合と論理，組合せ論についての記述もある．とくに，情報系への応用事例についての記述が有用である．

[離散数学とコンピュータサイエンス]

[7] Arbib,M.A, Kfoury,A.J and Moll, R.N.: *"A Basis for Theoretical Computer Science"*, Springer-Verlag (1981).
甘利俊一 他訳：『計算機科学入門』，サイエンス社 (1984).
　離散数学がプログラミングの中でどのように利用されるのかを知ることができる書．コンピュータサイエンスの事例が多い．

[8] Liu,C.L.: *"Elements of Discrete Mathematics"*, McGraw-Hill (1985).
成嶋弘，秋山仁 訳：『コンピュータサイエンスのための離散数学入門』，オーム社 (1995).
　本書の内容に加えて，確率，有限状態機械（オートマトン），アルゴリズムの解析（計算量），母関数，群と環，ブール代数など，[2] と同様に，コンピュータサイエンスに必要な数学全般について述べられている．

[集合，関数，論理]

[9] 松坂和夫：『数学読本 6』，岩波書店 (1990).
　集合，写像，論理について丁寧に書かれている．高校生向けに書かれているのでわかりやすい．この本よりも，もっと専門的な数学書が[10].

[10] 松坂和夫：『集合・位相入門』岩波書店 (1968).
　集合，関係，関数について書かれた数学書．なお．本書は主にこの著者の本の用語を用いている．

[グラフ理論]

[11] 小林みどり：『あたらしいグラフ理論入門』，牧野書店 (2013).
　グラフ理論の基礎（用語，連結性，2 部グラフ，木，彩色など）について，各種命題や定理が証明とともに記載されている．グラフの行列表現についても詳しい．

[12] 小野寺力男：『グラフ理論の展開と応用』，森北出版 (1973)
グラフ理論の基礎（用語，連結性，二部グラフ，木，彩色など）について，さまざまな分野での応用例とともに記載されている．グラフの行列表現とその演算による応用例が多い．

[13] 加納幹雄：『情報科学のためのグラフ理論』，朝倉書店 (2001).
グラフ理論の記述にあたり参考にした書．タイトルどおり，情報科学の分野で広く用いられている事項を中心にまとめられている．パズル問題への応用例やグラフのコンピュータ内部での表現法についての記述もある．

[14] Robin J. Wilson：*"Introduction to Graph Theory"* (4th edition), Pearson Education Limited (1996).
西崎隆夫, 西崎裕子 共訳:『グラフ理論入門 原書第 4 版』, 近代科学社 (2001).
グラフ理論の専門書の定番の一冊．グラフ理論の全般的な話題を学習できる．理論的な背景や証明についての記述が詳しい．訳書は読みやすい．

索　引

【た行】

【な行】

【は行】

【ま行】

【や行】

【ら行】

【わ行】

著者紹介

猪股俊光（いのまた　としみつ）

1989 年　豊橋技術科学大学大学院博士後期課程システム情報工学専攻修了
現　在　岩手県立大学ソフトウェア情報学部教授，工学博士
著　書　『計算モデルとプログラミング』（共著，森北出版，2019）
　　　　『Arduino で学ぶ組込みシステム入門』（森北出版，2018）
　　　　『Scheme による記号処理入門』（共著，森北出版，1994）

南野謙一（みなみの　けんいち）

2009 年　東北大学大学院情報科学研究科博士後期課程応用情報科学専攻修了
現　在　岩手県立大学ソフトウェア情報学部講師，博士（情報科学）

情報系のための離散数学

(*Discrete Mathematics for Computer Science*)

2020 年 9 月 30 日　初版 1 刷発行
2023 年 9 月 5 日　初版 3 刷発行

著　者　猪股俊光
　　　　南野謙一　© 2020

発行者　南條光章

発行所　**共立出版株式会社**

郵便番号　112-0006
東京都文京区小日向 4-6-19
電話　03-3947-2511（代表）
振替口座　00110-2-57035
www.kyoritsu-pub.co.jp

印　刷　藤原印刷

製　本　協栄製本

一般社団法人
自然科学書協会
会員

検印廃止
NDC 007.1, 410.9

ISBN 978-4-320-11436-4

Printed in Japan